DEUTSCHE AKADEMIE DER WISSENSCHAFTEN ZU BERLIN

Veröffentlichungen der Sternwarte in Sonneberg

Band 2

Heft 2

C. HOFFMEISTER, E. AHNERT-ROHLFS, P. AHNERT, H. HUTH, W. GÖTZ

Die veränderlichen Sterne der nördlichen Milchstraße Teil VII

Akademie-Verlag GmbH · Berlin 1954

C. Hoffmeister, E. Ahnert-Rohlfs, P. Ahnert, H. Huth, W. Götz

Die veränderlichen Sterne der nördlichen Milchstraße, Teil VII

Veröffentlichungen der Sternwarte in Sonneberg · Band 2, Heft 2

DEUTSCHE AKADEMIE DER WISSENSCHAFTEN ZU BERLIN

Veröffentlichungen der Sternwarte in Sonneberg

Band 2

Heft 2

C. HOFFMEISTER, E. AHNERT-ROHLFS, P. AHNERT, H. HUTH, W. GÖTZ

Die veränderlichen Sterne der nördlichen Milchstraße Teil VII

Akademie-Verlag GmbH · Berlin 1954

Erschienen im Akademie-Verlag GmbH., Berlin W 8, Mohrenstraße 39
Lizenz-Nr. 202 · 100/69/52
Druck: Druckerei „Thomas Müntzer" Langensalza, Werk Langensalza
Bestell- und Verlagsnummer: 2006/2/2
Preis: 11,80 DM
Printed in Germany

Einleitung.

Der vorliegende 7. Teil der Veröffentlichungen zum Felderplan ist die in der Form ungeänderte Fortsetzung der bisher dazu erschienenen Arbeiten. Zur Ableitung der Helligkeiten dienten wie in allen früheren Bearbeitungen die Selected Areas (Carnegie Institution Publ. 402 oder Harvard Annals 101 unter Berücksichtigung von Mt. Wilson Contr. 289), die entweder auf dem Feld selbst enthalten waren oder durch Übertragungsaufnahmen, die ein benachbartes Selected Area und einen Teil des Feldes enthielten, angeschlossen wurden. Eine gewisse Unsicherheit ergibt sich dadurch, daß der größere Teil der Aufnahmen nicht auf unsensibilisierten, sondern auf schwach orthochromatischen Platten ohne Filter gewonnen wurde. Wenn reine Blauhelligkeiten (photographische Größen) bestimmt werden konnten, ist dies aus dem Text ersichtlich. Eine Zusammenstellung der in den Übersichtstabellen verwendeten Abkürzungen der Typenbezeichnungen findet sich in Heft V (Veröffentlichungen der Sternwarte in Sonneberg, Bd. 1, Nr. 3).

Übersicht der bearbeiteten Felder

Bezeichnung	Galakt. Koordinaten l	b	Äquinoktium 1925 α	δ	Anzahl der Platten	Zeitabschnitt 24...	Anzahl der Sterne	davon unerledigt	Bearbeiter
ν Gem (Erg.)	160°	+6°	96°.1	+20°.3	167[1])	28108—33569	24	8	HOFFMEISTER
e Gem	169	+8	102.6	+13.3	126[1])	28542—33356	73	5	HOFFMEISTER
Puppis	198	+4	112.6	−14.4	131	25302—33713	81	31[2])	P. AHNERT, HUTH
δ Aql I [3])	7	+8	290.4	+ 3.0	109	25410—33887	92	3	E. AHNERT-ROHLFS, GÖTZ
δ Aql II							39	11	
$20^h18^m+30°$	38	−4	304.6	+30.4	110	29496—33121	48	9	E. AHNERT-ROHLFS

[1]) Dazu für einen Teil der Sterne überdeckende Platten angrenzender Felder.

[2]) Für 11 Sterne standen nur 21 Platten des 40 cm-Astrographen zur Verfügung. Siehe auch die Einleitung zum Textteil des Puppisfeldes (S. 86).

[3]) Wegen der Aufteilung siehe die Einleitung zum Textteil dieses Feldes (S. 104).

Verteilung der Veränderlichen auf die Haupttypen
(unter Auslassung der Sterne mit Kennzeichnung „Unbekannt" und „Unveränderlich")

Feld	Bedeckungs-veränderliche		Kurzperiodische (δ, RR)		Langperiodische		Halbregelmäßige, mittl. Per.		Unregelmäßige		U Gem-Sterne		RW Aur-Sterne (RW, RWs, As)		Summe
	n	%	n	%	n	%	n	%	n	%	n	%	n	%	
ν Gem (Erg.) . .	8	(33)	3	(12)	4	(17)	—		5	(21)	1	(4)	3	(12)	24
e Gem	19	(27)	5	(7)	11	(16)	4	(6)	18	(26)	2	(3)	11	(16)	70
Puppis	19	(26)	9	(12)	14	(19)	5	(7)	21	(29)	—		5	(7)	73
δ Aql I, II . . .	5	(4)	—		87	(68)	11	(9)	15	(12)	2	(2)	8	(6)	128
$20^h 18^m + 30°$	7	(18)	3	(8)	17	(44)	3	(8)	7	(18)	1	(3)	1	(3)	39

Sonneberg C. Hoffmeister

Feld ν Geminorum

Zusätzliche Sterne aus Platten des Astrographen 400/1600 mm

C. Hoffmeister

Nr.	Name	α 1855.0	δ 1855.0	Art	Phase	Epoche 24...	Periode	Max.	Min.
2389	S 3964 Ori	$6^h02^m54^s$	+18°35′	As ?	—	—	—	$10^m.9$	$11^m.5$
2390	S 3965 Ori	6 03 18	+19 58	As	—	—	—	14.5	15.2
2391	S 3966 Ori	6 07 0	+15 31	UG ?	—	—	—	14.2	[16.8
2392	S 3967 Ori	6 11 42	+17 40	L	Max.	28193	$225^d.6$	13.2	17.2
2393	S 3968 Gem	6 14 41	+20 53.9	BV	—	—	—	15.2	16.2
2394	S 3969 Gem	6 15 42	+18 45	β ?	—	—	—	13.6	14.1
2395	S 3970 Gem	6 16 29	+19 17.3	U	—	—	—	14.0	15.4
2396	S 3971 Gem	6 18 00	+20 19.4	L	Max.	28090	193	13.3	15.3
2397	S 3972 Gem	6 18 10	+18 46.9	A	—	—	—	14.8	16.5
2398	S 3973 Gem	6 18 28	+18 44.6	A ?	—	—	—	15.1	16.6
2399	S 3974 Gem	6 20 24	+20 54	A	Min.	28192.26	1.4283286	12.8	13.6
2400	S 3975 Gem	6 21 41	+22 10.3	L	Max.	28190	146	13.6	15.3
2401	S 3976 Gem	6 22 54	+20 22	A	—	—	0.86 ?	15.1	16.0
2402	S 3977 Gem	6 25 23	+18 47.6	β	Min.	28494.47	1.2076274	13.6	14.2
2403	S 3978 Gem	6 25 31	+23 30.1	U	—	—	—	11.9	13.6
2404	S 3979 Gem	6 28 50	+18 19.7	U	—	—	—	11.4	12.1
2405	S 3980 Gem	6 29 39	+22 4.5	RR	Max.	29168.618	0.645866	14.8	16.3
2406	S 3981 Gem	6 30 46	+21 8.1	U	—	—	—	13.1	14.1
2407	S 3982 Gem	6 31 18	+17 19.0	RW	—	—	—	13.6	14.8
2408	S 3983 Gem	6 35 57	+24 26.8	RR	Max.	{28495.686 30781.310	0.523750 0.523683}	13.7	14.7
2409	S 3984 Gem	6 36 54	+20 35	L	Max.	28144	169.8	13.9	16.0
2410	S 3985 Gem	6 37 7	+17 22.3	β	Min.	28251.340	0.941143	12.8	13.5
2411	S 3986 Gem	6 40 24	+18 0.6	U	—	—	—	12.5	13.1
2412	S 3987 Gem	6 41 44	+18 56.4	RR	—	—	—	13.8	15.6

Feld e Geminorum

C. Hoffmeister

Nr.	Name	α 1855.0	δ 1855.0	Art	Phase	Epoche 24...	Periode	Max.	Min.
2413	48.1934 Mon	$6^h26^m32^s$	+ 9°30.5′	A	Min.	27100.25	$12^d.4671$	$12^m.5$	$[14^m.7$
2414	S 3999 Gem	6 27 42	+14 18.3	H	Max.	27720	1145	11.2	12.6
2415	227.1943 Gem	6 28 30	+15 1	U	—	—	835	12.5	13.8
2416	S 3751 Gem	6 28 57	+13 15.4	K	—	—	—	13.4	14.1
2417	S 4000 Gem	6 29 49	+17 31.3	A	Min.	29167.555	1.661124	15.2	16.2
2418	Ross 196 Gem	6 31 8	+13 21.4	L	Max.	28162	288.9	12.8	[17.4
2419	228.1943 Mon	6 31 18	+11 30	U	—	—	—	13.4	14.4
2420	229.1943 Gem	6 32 42	+12 42	U	—	—	—	14.2	15.6
2421	10.1924 Mon	6 32 43	+ 9 59.5	UGs	—	—	—	14.9	16.6
2422	15.1924 Mon	6 32 58	+ 9 44.3	U	—	—	—	15.3	17.1
2423	S 4001 Mon	6 33 0	+ 9 38.3	RW	—	—	—	14.1	15.3
2424	S 4002 Mon	6 33 1	+ 9 39.9	RW	—	—	—	14.2	15.4
2425	S 4003 Mon	6 33 12	+ 9 58.3	RW	—	—	—	14.3	15.7
2426	S 4004 Mon	6 33 18	+10 1.9	UGs	—	—	—	15.3	16.6
2427	S 4005 Mon	6 34 58	+11 21.8	RW	—	—	—	13.9	16.5
2428	230.1943 Mon	6 37 12	+10 15	A	Min.	27099.26	4.04761	11.5	12.9
2429	S 4006 Gem	6 37 54	+13 13.7	RW	—	—	—	14.4	16.3
2430	S 3752 Gem	6 38 53	+15 52.3	RWs	—	—	—	12.4	12.8
2431	231.1943 Gem	6 39 24	+17 0	A	Min.	27102.40	0.819133	11.6	12.6
2432	232.1943 Gem	6 39 24	+17 16	L	Max.	28017	393	12.2	15.4
2433	S 4007 Mon	6 40 26	+ 8 34.9	A ?	—	—	—	13.9	14.2
2434	S 3753 Gem	6 40 48	+16 19.2	U	—	—	—	12.8	14.2
2435	S 4008 Gem	6 42 18	+18 2.7	U	—	—	—	13.6	14.5
2436	233.1943 Gem	6 42 36	+17 39	A	Min.	28108.49	6.10222	12.6	15.4
2437	S 4009 Gem	6 42 36	+14 38	U	—	—	—	11.0	11.9
2438	S 4010 Mon	6 44 48	+ 8 35	L	Max.	27578	527	13.2	[17.0
2439	234.1943 Gem	6 45 18	+13 4	BV	Min.	30327.71	0.6956	14.7	15.8
2440	235.1943 Mon	6 46 6	+ 9 11	U	—	—	—	13.5	14.8
2441	S 4011 Mon	6 47 0	+ 8 29	L	Max.	30751	236	13.4	[17.1
2442	S 4012 Mon	6 47 6	+10 22	A	Min.	27502.182	5.638605	12.5	14.8
2443	S 4013 Gem	6 47 54	+18 9	A	Min.	28193.42	2.88471	13.0	14.2
2444	236.1943 Mon	6 48 18	+11 9	U	—	—	—	12.2	13.6
2445	237.1943 Gem	6 48 30	+17 7	H	Max.	28072	133	11.9	13.5
2446	474.1934 Mon	6 48 40	+ 8 31.2	U	—	—	—	14.5	15.8
2447	S 3754 Gem	6 48 54	+16 40	A	Min.	30346.705	4.32653	13.7	16.6
2448	S 4014 Mon	6 49 0	+11 53	RW	—	—	—	13.8	16.4
2449	238.1943 Gem	6 49 6	+13 52	RWs	—	—	—	13.6	14.4
2450	S 4015 Gem	6 49 18	+17 56	U	—	—	—	13.9	15.3
2451	S 4016 Gem	6 49 30	+12 42	RRa	Max.	30377.35	0.471805	14.3	16.0
2452	S 3755 Gem	6 49 36	+11 59	β	Min.	27100.408	1.1032704	12.6	13.1
2453	S 3756 Gem	6 49 42	+13 18	A	Min.	27344.635	1.273392	12.2	13.4
2454	S 4017 Gem	6 49 42	+17 26	H	Max.	27751 30351	119.9 113.7	12.2	13.4
2455	S 3757 Gem	6 51 18	+12 29	L	Max.	28544	244.4	12.3	16.7
2456	S 4018 Gem	6 51 36	+14 27	A	—	—	—	14.9	15.6

Nr.	Name	α 1855.0	δ 1855.0	Art	Phase	Epoche 24...	Periode	Max.	Min.
2457	S 3758 Mon	$6^h52^m36^s$	+10°46′	L	Max.	28221	338^d	11.7	[16.8
2458	239.1943 Mon	6 52 54	+ 9 1	β	Min.	27344.621	0.779812	11.9	12.6
2459	12.1934 Gem	6 53 16	+15 7.0	RWs	—	—	—	12.6	13.8
2460	475.1934 Gem	6 53 18	+15 12.9	L	Max.	27086	247	12.7	16.7
2461	S 3759 Mon	6 53 24	+10 37	RWs	—	—	—	13.4	15.0
2462	S 4019 Gem	6 53 30	+14 35	A	—	—	—	15.1	15.5
2463	EV Mon	6 54 7	+10 57.7	L	Max.	27012	402.5	11.5	16.5
2464	S 3760 Gem	6 54 18	+17 42	U	—	—	—	11.9	13.3
2465	S 4020 Mon	6 54 42	+11 42	β	—	—	~1.20	14.1	14.6
2466	240.1943 Mon	6 55 48	+ 9 5	U	—	—	—	12.6	13.9
2467	241.1943 Gem	6 56 0	+12 15	U	—	—	—	12.4	14.6
2468	242.1943 Gem	6 56 24	+13 38	RRa	Max.	30346.638	0.4332653	12.4	13.8
2469	243.1943 Gem	6 56 42	+14 9	L	Max.	30507	285	12.6	[16.9
2470	244.1943 Mon	6 56 48	+ 9 12	L	Max.	30432	256	14.5	[17.2
2471	245.1943 Gem	6 56 48	+11 3	U	—	—	—	12.4	13.1
2472	S 3761 Gem	6 57 30	+10 51	A	Min.	30375.535	1.35967	13.1	14.0
2473	246.1943 Gem	6 58 12	+11 41	U	—	—	—	13.4	14.5
2474	247.1943 Gem	6 59 0	+17 1.5	U	—	—	—	11.5	12.4
2475	S 3762 CMi	6 59 48	+12 10	A	Min.	30349.52	4.07142	13.4	15.9
2476	248.1943 Gem	7 1 18	+13 12	β	Min.	30327.695	1.594736	13.1	13.5
2477	S 3763 Gem	7 1 48	+15 0.7	RRa	Max.	30326.59	0.570570	13.6	14.6
2478	249.1943 CMi	7 2 48	+11 13	K	Max.	30267.663	0.345845	12.64	12.82
2479	AT Gem	6 37 12	+13 0.7	H	Max.	27060	740	12.3	13.4
2480	UY Gem	6 37 45	+13 7.4	L	Max.	30364	326.4	12.2	15.3
2481	302.1934 Gem	6 41 14	+12 20.8	U	—	—	—	10.4	10.9
2482	50.1934 Gem	6 41 58	+13 53.6	RWs	—	—	—	13.9	14.6
2483	SVS 1030 Gem	6 47 14	+15 45.0	δs	Max.	27340.59	5.27792	13.2	13.8
2484	SVS 1025 Mon	6 51 34	+ 9 30.7	Unv	—	—	—	9.8	—
2485	2.1934 Mon	6 51 54	+ 9 38.4	Unv	—	—	—	10.7	—

Feld Puppis (7^h30^m—14°)

P. Ahnert, H. Huth

Nr.	Name	α 1855.0	δ 1855.0	Art	Phase	Epoche 24...	Periode	Max.	Min.
2486	166.1931 CMa	$7^h10^m18^s$	−15° 4′	RW ?	—	—	—	$11^m.2$	$14^m.6$
2487	108.1943 CMa	7 11 0	−13 57	U	—	—	—	12.6	14.1
2488	109.1943 CMa	7 11 36	−13 6	BV	—	—	—	14.8	[15.4
2489	S 4061 CMa	7 11 36	−18 20	H	Max.	28200	355^d	11.9	13.4
2490	S 4062 CMa	7 11 48	−17 0	L	Max.	26429	252.8	12.3	14.0
2491	110.1943 CMa	7 12 42	−17 42	Unv	—	—	—	15.1	—
2492	111.1943 CMa	7 12 42	−14 4	H	—	—	—	14.2	15.4
2493	112.1943 CMa	7 13 6	−17 23	U	—	—	—	12.8	13.6
2494	113.1943 CMa	7 15 30	−15 57	A	Min.	26391.368	2.725258	14.0	15.9
2495	BW CMa	7 15 44	−18 22.1	RRa	Max.	28060.743	0.5268024	12.9	14.5
2496	167.1931 CMa	7 15 48	−15 3	U	—	—	—	12.5	13.7
2497	RR CMa	7 16 18	−16 18	A	Min.	25704.282	1.196242	12.5	14.6
2498	115.1943 CMa	7 16 30	−15 4	BV	—	—	—	14.0	15.1
2499	HW Mon	7 16 33	− 9 46.7	Unb	—	—	—	15.4	[16.5
2500	116.1943 CMa	7 17 24	−16 55	A	—	—	—	13.1	14.5
2501	168.1931 CMa	7 17 30	−14 59	L	Max.	25296	468	13.6	[17
2502	117.1943 CMa	7 17 54	−12 40	U	—	—	—	13.0	14.3
2503	RS CMa	7 18 12	−15 32	U	—	—	—	14.0	15.1
2504	S 4063 Mon	7 18 18	− 9 1	RR	—	—	—	13.8	15.2
2505	S 4064 CMa	7 18 30	−16 5	A	—	—	—	14.8	[15.8
2506	118.1943 Mon	7 19 6	−10 24	U	—	—	—	12.4	12.9
2507	S 4065 CMa	7 20 6	−19 20	U ?	—	—	—	12.9	13.9
2508	S 4066 Mon	7 21 18	− 9 40	mP ?	—	—	—	14.2	16.0
2509	S 4067 Pup	7 22 12	−16 19	A	—	—	—	12.3	12.9
2510	TZ Pup	7 23 6	−12 57	L	Max.	25351	317	12.0	15.8
2511	S 4068 Mon	7 23 12	− 9 5	U	—	—	—	12.4	13.4
2512	169.1931 Pup	7 23 12	−15 4	K	—	—	—	12.4	13.9
2513	170.1931 Mon	7 23 18	−10 35	U	—	—	—	12.8	13.7
2514	171.1931 Pup	7 23 42	−14 28	L	Max.	25246	530	12.5	[17
2515	S 4069 Pup	7 23 42	−19 12	RW ?	—	—	—	13.9	[16.2
2516	S 4070 Pup	7 24 0	−19 25	A ?	—	—	—	15.1	[16.1
2517	S 4071 Pup	7 24 6	−12 43	Unb	—	—	—	12.2	13.5
2518	S 4072 Pup	7 24 18	−16 43	Unb	—	—	—	13.2	14.1
2519	119.1943 Mon	7 24 30	−10 4	U	—	—	—	12.1	13.0
2520	120.1943 Pup	7 25 11	−12 29.1	A ?	—	—	—	9.9	[11.0
2521	172.1931 Pup	7 25 54	−11 55	U	—	—	—	11.3	11.9
2522	121.1943 Pup	7 26 0	−12 27	RWs	—	—	—	12.2	14.2
2523	173.1931 Pup	7 26 12	−11 28	L	Max.	25358	139.5	12.0	13.6
2524	S 4073 Mon	7 26 30	−10 11	K	—	—	—	14.3	15.4
2525	EF Pup	7 26 36	−12 4	L	Max.	28473	374.8	12.4	[16.0
2526	122.1943 Pup	7 27 0	−16 1	K	—	—	—	11.4	12.5
2527	174.1931 Pup	7 27 18	−15 28	Unb	—	—	—	13.4	14.8
2528	175.1931 Pup	7 28 24	−14 50	Unv	—	—	—	13.2	—
2529	UU Pup	7 28 30	−13 0	L	Max.	25287	282	11.8	15.5
2530	BF Pup	7 28 48	−14 48	U	—	—	—	13.8	14.5

Nr.	Name	α 1855.0	δ 1855.0	Art	Phase	Epoche 24...	Periode	Max.	Min.
2531	123.1943 Pup	$7^h29^u24^s$	−15°36′	U	—	—	—	13.2	14.8
2532	S 4074 Mon	7 30 0	−10 30	A	—	—	—	14.9	16.2
2533	UV Pup	7 30 42	−12 19	L	Max.	26656	193^d	11.4	13.9
2534	124.1943 Pup	7 30 42	−16 38	K	—	—	—	13.3	14.5
2535	S 4075 Mon	7 31 30	− 9 45	Unb	—	—	—	11.0	11.7
2536	177.1931 Pup	7 31 36	−17 18	U	—	—	—	14.3	15.7
2537	S 4076 Pup	7 31 44	−15 43.8	U	—	—	—	11.3	12.5
2538	145.1929 Pup	7 32 0	−16 38	U	—	—	—	10.2	11.5
2539	178.1931 Pup	7 32 6	−15 37	H	—	—	800^d, 470^d	13.1	14.8
2540	S 4077 Pup	7 34 24	−14 39	A	—	—	—	13.6	15.2
2541	179.1931 Pup	7 35 12	−14 53	A	Min.	$25302^d.398$	3.07950	13.6	15.4
2542	125.1943 Pup	7 35 18	−12 40	BV	—	—	—	12.9	13.7
2543	UW Pup	7 35 18	−16 16	L	Max.	25567	422	13.0	[16.0
2544	S 4078 Pup	7 35 42	−14 13	A	—	—	—	14.8	15.5
2545	13.1937 Pup	7 36 0	−11 53′	L	Max.	25323	320	13.7	[15.5
2546	UX Pup	7 37 12	−13 34	K	—	—	—	12.3	13.8
2547	S 4079 Pup	7 38 0	−12 44	K	—	—	—	11.5	12.3
2548	126.1943 Pup	7 39 18	−17 13	U	—	—	—	13.3	14.3
2549	S 4080 Pup	7 39 30	− 9 20	L	—	—	—	15.0	[16
2550	CQ Pup	7 39 32	−18 48.7	U	—	—	—	10.6	11.5
2551	152.1929 Pup	7 39 42	−15 46	U	—	—	—	12.1	12.9
2552	UY Pup	7 39 48	−12 36	RW	—	—	—	13.0	16.8
2553	127.1943 Pup	7 39 48	−17 5	BV	—	—	—	14.3	15.5
2554	128.1943 Mon	7 39 54	−10 27	L	Max.	28495	387	11.7	[16
2555	180.1931 Pup	7 40 0	−14 40	U	—	—	—	12.9	14.4
2556	181.1931 Pup	7 40 54	−11 35	U	—	—	—	12.6	14.2
2557	129.1943 Pup	7 41 48	−14 51	A	Min.	25624.504	13.138606	13.2	14.3
2558	182.1931 Pup	7 41 54	−16 3	H	Max.	25331	113.5	13.0	14.2
2559	130.1943 Pup	7 42 42	−14 44	BV	—	—	—	12.1	12.4
2560	S 4081 Pup	7 43 27	−13 11.8	U	—	—	—	12.2	13.3
2561	131.1943 Pup	7 45 30	−16 25	A	Min.	26654.610	2.072840	13.4	13.9
2562	S 4082 Mon	7 54 48	−10 20	RW ?	—	—	—	13.8	16.0
2563	S 4083 Pup	7 46 0	−17 1	K	—	—	—	11.3	12.8
2564	S 4084 Pup	7 46 48	−12 36	A	—	—	—	15.1	15.9
2565	21.1934 Pup	7 47 37	−18 57.5	L	Max.	30377	187	12.5	15:
2566	S 4085 Mon	7 48 6	−10 15	L	—	—	—	14.6	16.5:

Feld δ Aquilae

E. Ahnert-Rohlfs, W. Götz

Teil I

Nr.	Name	α 1855.0	δ 1855.0	Art	Phase	Epoche 24...	Periode	Max.	Min.
1	ES Aql	19h24m55s	+0°29.′8	H	Max.	25455	101.d1	13.m2	[15.m1
2	EX Aql	19 18 00	+4 44	RVs	—	—	—	12.1	13.4
3	FO Aql	19 9 13	—0 7.6	UG	Max.	27273.46	28.7	13.8	17.5
4	FP Aql	19 9 53	—0 24.2	L	Max.	25451	343.7	11.7	[15.4
5	FQ Aql	19 13 37	+1 32.4	U	—	—	—	15.1	[17.3
6	FR Aql	19 15 8	+3 2.4	L	Max.	25545	291.3	15.5	[17.2
7	FS Aql	19 15 29	+0 16.4	L	Max.	25462	150	14.1	[17.3
8	FT Aql	19 16 16	—0 47.7	L	Max.	25529	367	13.5	[15.7
9	FU Aql	19 17 42	+3 42.2	L	Max.	25504	292	14.6	[16.4
10	FV Aql	19 17 48	+2 32.8	L	Max.	25808	208.5	13.8	[17.0
11	FW Aql	19 19 7	—0 19.6	L	Max.	25538	340.3	13.5	15.3
12	FX Aql	19 20 26	+4 4.8	L	Max.	25430	209.5	15.5	[17.2
13	FY Aql	19 20 46	+3 24.4	L	Max.	25449	208	14.9	[17.4
14	GG Aql	19 21 43	+3 23.1	L	Max.	26250	343	15.2	[17.4
15	GH Aql	19 23 17	+1 52.4	L	Max.	25520	146	14.3	[17.3
16	GI Aql	19 23 57	+2 12.9	L	Max.	25452	213.6	14.1	[17.2
17	GK Aql	19 24 34	+0 19.8	L	Max.	25474	196	13.6	[16.8
18	GL Aql	19 24 54	+1 44.6	L	Max.	25492	308	13.6	[16.9
20	GO Aql	19 26 8	+1 16.8	L	Max.	26536	154.8	13.4	[17.4
21	GP Aql	19 26 14	+3 13.1	L	Max.	25538	421	14.2	[16.6
22	GQ Aql	19 27 32	—0 51.2	L	Max.	26178	202.5	14.4	[16.1
23	GR Aql	19 28 15	+6 56.5	L	Max.	25532	307.5	13.6	[16.6
25	GT Aql	19 29 19	+4 25.0	L	Max.	25530	204	13.6	[17.0
27	LM Aql	19 28 56	+1 43.9	L	Max.	26242	257	14.4	[17.0
28	LT Aql	19 31 42	+6 17	A	Min.	25850.278	1.846198	12.4	14.9
29	V 347 Aql	19 00 54	+6 4.6	RW	—	—	—	11.5	13.1
30	V 348 Aql	19 3 54	+0 15	RW	—	—	—	12.7	15.4
31	V 349 Aql	19 4 41	—0 57.7	H	Max.	25437	98	14.8	[16.0
32	V 350 Aql	19 4 54	—1 20.1	L	Max.	25459	267.7	14.0	16.3
33	V 351 Aql	19 5 15	+1 40.4	L	Max.	25472	196	12.7	[15.9
34	V 352 Aql	19 6 18	+2 4	U	—	—	—	13.3	[17
35	V 353 Aql	19 8 6	+4 50	U	—	—	—	12.7	14.4
36	V 354 Aql	19 8 34	+0 22.9	RWs	—	—	—	12.5	14.0
37	V 355 Aql	19 9 48	+0 40	L	Max.	25750	215	13.7	[16.2
38	V 357 Aql	19 13 16	—1 4.2	L	Max.	25734	306	14.6	[16.5
39	V 358 Aql	19 13 59	—0 51.4	L	Max.	26559	267.6	13.8	[15.7
40	V 359 Aql	19 15 38	—1 26.5	L	Max.	25441	147.5	14.2	16.2
41	V 360 Aql	19 15 41	+2 28.4	L	Max.	25535	122.7	14.5	15.3
42	V 361 Aql	19 17 18	—0 25.2	L	Max.	25736	224	14.1	[15.2
44	V 363 Aql	19 18 27	+4 29.3	L	Max.	25533	265.5	13.4	15.9
45	V 364 Aql	19 18 48	+3 13.7	L	Max.	25465	342	13.4	[15.7
46	V 365 Aql	19 19 00	+3 34	L	Max.	25472	112.5	14.2	[16.5
47	V 366 Aql	19 19 4	+2 0.1	L	Max.	25447	144.5	14.8	[15.8
49	V 369 Aql	19 19 26	+0 0.8	L	Max.	25825	242	14.4	[15.0
50	V 370 Aql	19 20 22	+1 57.4	L	Max.	25516	170.5	12.9	14.2

Nr.	Name	α 1855.0	δ 1855.0	Art	Phase	Epoche 24...	Periode	Max.	Min.
51	V 371 Aql	$19^h20^m23^s$	+0°11.4′	L	Max.	25852	261	13.6	[15.7
52	V 372 Aql	19 21 54	+2 57	L	Max.	25495	158	14.9	16.3
53	V 373 Aql	19 22 12	+6 31	U	—	—	—	14.0	15.1
54	V 374 Aql	19 22 46	−1 7.6	RW	—	—	—	11.9	15.5
55	V 375 Aql	19 23 0	+6 15.4	L	Max.	26167	207	13.7	[15.4
58	V 378 Aql	19 23 52	−0 56.4	RWs	—	—	—	13.4	15.7
59	V 379 Aql	19 24 32	−0 45.3	L	Max.	25453	365.6	14.5	[15.8
60	V 380 Aql	19 25 18	+1 59	L	Max.	25413	142	12.4	13.7
61	V 381 Aql	19 25 18	−1 21	RV	Max. Min.	25860 25827	54.8	12.7	15.4
62	V 382 Aql	19 27 54	+1 36	L	Max.	25803	279	14.7	16.3
63	V 383 Aql	19 27 42	+1 43	U	—	—	—	13.3	14.2
64	V 384 Aql	19 27 53	+5 42.1	L	Max.	25543	180.4	13.8	[15.1
66	V 386 Aql	19 28 42	+6 28	L	Max.	26633	334.8	12.7	[16.2
67	V 387 Aql	19 29 3	+0 30.7	L	Max.	25479	154	13.8	15.8
68	V 388 Aql	19 29 5	+1 14.5	L	Max.	25419	294	14.1	16.3
70	V 390 Aql	19 30 17	+3 8.8	L	Max.	25839	307	14.7	[16.2
71	V 391 Aql	19 30 48	+6 25	U	—	—	—	12.2	14.4
72	V 392 Aql	19 31 06	−0 53	U	—	—	—	12.6	14.4
73	V 393 Aql	19 31 24	+2 19.9	L	Max.	25849	260	13.0	15.5
74	V 394 Aql	19 32 00	+1 40.5	RW	—	—	—	14.0	15.5
75	V 395 Aql	19 32 26	+2 32.5	H	Max.	25419	97.2	13.4	[15.2
76	V 396 Aql	19 32 30	−0 55.5	L	Max.	25427	395	13.2	[16.2
77	V 397 Aql	19 33 8	+5 2.2	L	Max.	25494	183.6	13.4	[15.2
78	V 398 Aql	19 33 24	+4 48	L	Max.	25531	139	14.5	[16.4
79	V 399 Aql	19 33 28	+2 52.2	L	Max.	25842	230.4	12.4	15.9
80	V 400 Aql	19 34 9	+1 28.1	L	—	—	—	14.1	[16.4
81	V 401 Aql	19 34 27	+4 25.6	L	Max.	25410	387.5	13.9	[15.8
83	V 403 Aql	19 35 10	+2 8.9	L	Max.	25504	289	14.2	[16.0
84	V 404 Aql	19 35 24	+2 19.9	L	Max.	25442	177.4	14.1	[15.7
86	V 407 Aql	19 3 49	+0 55.2	A	Min.	25792.500	1.182015	13.1	14.4
90	V 409 Aql	19 10 30	−0 56.3	A	Min.	25503.385	2.049391	11.5	12.2
91	V 527 Aql	19 11 42	+3 37	RWs	—	—	—	14.2	15.9
92	V 529 Aql	19 12 12	+0 28	UG	—	—	—	14.3	16.7
93	V 530 Aql	19 13 06	−1 33	L	Max.	25453	366	12.9	[16.3
94	282.1931 Aql	19 13 18	+2 48	U	—	—	—	14.1	15.3
97	V 531 Aql	19 15 48	+5 59	L	Max.	25889	303	14.1	[15.4
98	V 412 Aql	19 16 00	+1 22	U	—	—	—	12.4	13.8
99	V 411 Aql	19 16 4	+4 49.7	H	Min.	25514	162.1	14.7	15.3
102	V 405 Aql	19 19 30	+4 10	L	Max.	25524	187.3	14.3	[16.1
103	V 532 Aql	19 19 36	+0 41	L	Max.	25891	312	13.8	[16.3
106	99.1930 Aql	19 21 14	+2 19.5	mP	Max.	25838.7	54.44	14.0	15.3
107	100.1930 Aql	19 21 23	−1 4.1	RW	—	—	—	13.0	15.6
108	343.1936 Aql	19 21 54	+3 32	U	—	—	—	11.4	12.2
112	V 534 Aql	19 28 30	+7 15	L	—	—	—	14.3	[15.4
114	113.1930 Aql	19 29 8	+6 45.4	RV	—	—	—	14.1	15.5
116	V 419 Aql	19 31 23	−0 3.7	U	—	—	—	13.7	14.4
117	V 420 Aql	19 32 54	+2 19	A	Min.	25410.485	3.532698	12.8	14.3

Nr.	Name	α 1855.0	δ 1855.0	Art	Phase	Epoche 24...	Periode	Max.	Min.
2567	S 4381 Aql	$18^h58^m36^s$	+7°49′	L	—	—	—	15^m8	[17^m0
2568	S 4383 Aql	19 2 24	+1 0	L	Max.	25529	114^d	14.8	[17.2
2569	KQ Aql	19 5 00	+1 20	H	Max.	25449	164.2	11.2	13.4
2570	S 4384 Aql	19 5 12	−0 40	L	Max.	25533	146	14.8	[16.8
2571	S 4385 Aql	19 5 54	−2 12	L	Max.	29459	170	13.3	[16.1
2572	S 4386 Aql	19 6 30	+0 40	Unb	—	—	—	13.8	15.0
2573	S 4387 Aql	19 8 34	+0 33.6	Unb	—	—	—	15.4	[17.5
2574	S 4388 Aql	19 11 43	+4 2.0	L	—	—	—	14.8	16.8
2575	ER Aql	19 11 54	+3 8	L	Max.	25436	338	11.8	16.3
2576	S 4389 Aql	19 11 54	+7 45	Unb	—	—	—	15.5	16.5
2577	S 4391 Aql	19 12 6	−1 45	A	—	—	—	14.7	15.6:
2578	S 4392 Aql	19 12 31	+1 46.4	L	Max.	25808	169	15.8	[17.5
2579	S 4393 Aql	19 12 51	+2 40.0	L	Max.	25882	343	16.2	[17.4
2580	S 4394 Aql	19 13 24	−1 20	L	Max.	25478	173.5	14.7	[17.0
2581	337.1936 Aql	19 14 42	−1 51	L	Max.	26482	210.5	13.3	[15.7
2582	Ross 309 Aql	19 15 40	−1 47.5	L	—	—	—	13.2	[16.5
2583	339.1936 Aql	19 15 48	−1 39	L	Max.	25538	289.5	15.4	[16.4
2584	S 4395 Aql	19 16 00	+7 55	L	—	—	—	13.6	[16.8
2585	S 4396 Aql	19 16 12	+0 21.4	L	Max.	25888	320	16.2	[17.3
2586	S 4397 Aql	19 16 12	+3 2.9	L	Max.	25885	339	15.5	[17.4
2587	S 4398 Aql	19 16 40	+1 4.8	L	Max.	25851	148	16.0	[17.8
2588	S 4401 Aql	19 18 18	−0 34.3	U	—	—	—	14.2	15.7
2589	S 4402 Aql	19 19 6	+7 25	L	—	—	—	15.5	[16.3
2590	S 4403 Aql	19 20 47	+1 27.2	U	—	—	—	14.9	16.5
2591	S 4404 Aql	19 21 8	+1 49.5	L	Max.	25799	192	15.3	[17.2
2592	Ross 314 Aql	19 21 27	−2 9.0	L	—	—	—	13.7	[16.5
2593	S 4405 Aql	19 21 28	+3 36.5	U	—	—	—	15.7	16.5
2594	S 4406 Aql	19 21 36	+6 27	L	—	—	—	15.9	[16.8
2595	S 4409 Aql	19 23 36	+4 49.9	H	Max.	25790	102.8	15.6	[17.0
2596	116.1935 Aql	19 23 51	+5 5.7	U	—	—	—	11.7	12.7
2597	S 4413 Aql	19 26 21	+3 54.6	L	Max.	25476	347	15.0	17.1
2598	S 4414 Aql	19 26 45	+3 51.6	RV	Min.	25839	110.6	15.1	16.5
2599	S 4415 Aql	19 27 15	+5 20.4	L	Max.	25473	259	14.1	[16.0
2600	S 4416 Aql	19 28 30	+3 20.3	L	Max.	26229	139	15.1	[17.5
2601	S 4418 Aql	19 28 19	−0 31.1	L	Max.	26516	143	14.7	17.2
2602	S 4419 Aql	19 28 42	+7 37	L	Max.	28342	242	14.4	[16.6
2603	S 4422 Aql	19 31 12	+3 43	L	Max.	25495	165	15.1	[17.0
2604	Ross 318 Aql	19 32 29	−0 40.5	L	Max.	25506	342	12.9	[16.0
2605	QT Aql	19 35 54	+2 7	L	Max.	25538	158	12.9	[15.5

Feld $20^h 18^m + 30°$

E. Ahnert-Rohlfs

Nr.	Name	α 1855.0	δ 1855.0	Art	Phase	Epoche 24...	Periode	Max.	Min.
2606	S 4475 Vul	$19^h 52^m 30^s$	+27°39′	BV	—	—	—	11ᵐ.7	12ᵐ.1
2607	DG Vul	19 52 42	+27 16.9	δ	Max.	28427.10	13ᵈ.6116	12.8	14.4
2608	S 4476 Cyg	19 53 33	+32 18.4	K	—	—	—	14.8	15.9
2609	S 3843 Cyg	19 55 18	+30 27.0	U	—	—	—	11.7	12.8
2610	S 4477 Vul	19 55 30	+27 49	K	—	—	—	13.7	14.5
2611	S 3844 Cyg	19 57 18	+29 55.7	H	Max.	27495	264	13.8	15.6
2612	S 4478 Cyg	19 57 51	+30 3.5	U	—	—	—	14.5	16.6
2613	S 3845 Vul	19 58 7	+27 49.4	A	Min.	30260.497	2.76380	14.9	15.7
2614	S 3846 Cyg	19 58 17	+29 33.1	RV	Min.	27611	332	11.9	14.1
2615	S 3847 Cyg	19 59 26	+31 57.1	UG	—	—	—	14.8	[16.3
2616	V 486 Cyg	19 59 33	+34 18.3	A	Min.	28098.422	7.706555	14.2	16.0
2617	S 3848 Cyg	20 0 15	+30 15.8	U	—	—	—	13.7	14.5
2618	S 4480 Cyg	20 0 17	+29 53.5	L	Max.	29519	367	13.2	16.6
2619	S 3849 Cyg	20 0 23	+32 44.5	A	Min.	30546.502	4.74901	14.9	15.9
2620	S 3850 Cyg	20 0 30	+31 44.1	U	—	—	—	12.7	13.6
2621	S 4481 Cyg	20 0 50	+34 0.9	L	Max.	30136	382	13.6	[16.4
2622	S 3851 Cyg	20 2 0	+33 29.3	RWs	—	—	—	14.1	15.3
2623	S 4482 Cyg	20 2 19	+30 19.7	A	Min.	29516.400	1.46324	13.3	13.8
2624	S 3852 Cyg	20 3 48	+28 58.3	A	Min.	31020.343	2.04107	12.4	12.7
2625	V 489 Cyg	20 4 3	+29 55.5	U	—	—	—	11.8	13.1
2626	S 3854 Cyg	20 6 30	+34 12	K	—	—	—	12.5	13.5
2627	S 3855 Cyg	20 7 18	+31 48	L	Max.	29369	382	12.8	[16.4
2628	V 493 Cyg	20 7 42	+32 29	A	Min.	29223.319	1.275083	12.8	13.3
2629	V 494 Cyg	20 8 12	+33 50	β	Min.	28775.425	1.794321	13.5	14.2
2630	S 4483 Cyg	20 9 6	+35 13	Unb	—	—	—	14.8	15.8
2631	S 3858 Vul	20 9 12	+25 37.2	U	—	—	—	12.8	14.3
2632	V 469 Cyg	20 9 18	+34 17	A	Min.	28814.396	1.312516	12.8	13.5
2633	CH Vul	20 11 33	+26 16.5	L	Max.	29880	222	12.1	16.0
2634	S 4484 Vul	20 12 47	+26 48.8	Unv	—	—	—	15.2	—
2635	S 3860 Vul	20 15 12	+27 6.4	BV	—	—	—	12.7	13.9
2636	S 3861 Vul	20 15 23	+26 14.5	L	Max.	29960	295	14.9	[16.9
2637	726.1933 Vul	20 19 2	+26 20.3	L	Max.	29964	303	14.2	[16.2
2638	S 4485 Cyg	20 19 59	+30 57.4	L	Max.	29493	341	14.1	17.2
2639	S 4486 Vul	20 20 50	+25 43.6	RR	Max.	29498.534	0.564498	15.0	16.7
2640	S 3862 Vul	20 21 52	+25 35.0	H	Max.	{29609, 30824}	{185, 202}	14.1	16.0
2641	S 4487 Cyg	20 21 54	+35 5	L	Max.	30199	363	14.0	[16.4
2642	S 4488 Cyg	20 22 23	+25 24.8	L	Max.	29974	342	15.1	[16.2
2643	V 505 Cyg	20 23 42	+32 18	β	Min.	28099.426	0.6676720	11.7	12.4
2644	S 4489 Vul	20 24 42	+27 43	L	Max.	29494	276	13.7	[17.0
2645	S 4490 Cyg	20 27 6	+29 18	L	Max.	29494	371	15.3	[16.6
2646	S 4491 Vul	20 29 21	+27 14.5	U	—	—	—	14.4	15.0
2647	S 4492 Vul	20 29 30	+24 59.2	L	—	—	—	13.5	15.5
2648	S 3864 Cyg	20 29 48	+33 53	L	Max.	29850	195	15.1	[17.2
2649	732.1933 Vul	20 33 21	+25 0.0	L	Max.	29914	151	15.0	16.4
2650	S 4493 Vul	20 34 24	+26 33.9	BV	—	—	—	15.5	16.2
2651	S 4494 Vul	20 36 14	+26 57.9	L	Max.	29557	336	13.4	15.1
2652	S 4496 Cyg	20 38 37	+31 58.2	L	Max.	30585	500	13.9	[17.0
2653	S 4495 Cyg	20 38 41	+29 20.9	L	—	—	—	14.1	[16.1

Feld ν Geminorum

Fortsetzung der Bearbeitung in Teil IV: Sterne auf Platten des 400 mm-Astrographen gefunden.

C. Hoffmeister

2389. **S 3964 Ori** Algol-ähnlich? $10\overset{\mathrm{m}}{.}9$—$11\overset{\mathrm{m}}{.}5$.

Folgende sichere Schwächungen sind beobachtet:

242 8453.629	242 9630.469
8494.467	9641.317
8547.276	9729.328
8809.597	9943.596
9167.598	9957.471
9229.567	243 0326.609
9231.590	0375.422
9251.350	3357.358
9340.354	

Die kleinste 1. Differenz ist $2\overset{\mathrm{d}}{.}02$; als 2. Differenzen treten die Werte $0\overset{\mathrm{d}}{.}99$ und $3\overset{\mathrm{d}}{.}03$ auf. Anderseits ist der Stern $3\overset{\mathrm{d}}{.}0$, $5\overset{\mathrm{d}}{.}0$ und $7\overset{\mathrm{d}}{.}0$ vor einem Minimum und $1\overset{\mathrm{d}}{.}0$ nach einem Minimum im hellen Licht beobachtet, im letzteren Falle durch eine 8 Stunden überdeckende Plattenreihe. Es ist daher unmöglich, die Beobachtungen mit irgendeiner Periode darzustellen, und man muß den Lichtwechsel als regellos ansehen. In Anbetracht der kleinen Amplitude ist Bestätigung des Befundes durch visuelle Beobachtungen erwünscht.

2390. **S 3965 Ori** Algol-ähnlich; $14\overset{\mathrm{m}}{.}5$—$15\overset{\mathrm{m}}{.}2$.

Folgende Schwächungen sind beobachtet:

242 8513.52	$14\overset{\mathrm{m}}{.}9$	243 0023.54	$14\overset{\mathrm{m}}{.}9$
8863.41	15.2	0025.55	15.2
9162.59	14.9:	0259.60	15.1
9229.39	15.0:	0264.60	15.1:
9575.52	15.2	0375.42	14.9
9638.45	14.9	1146.54	15.1
9642.26	15.1		

Das letzte Minimum ist durch eine Plattenreihe belegt, wobei die 7 aufeinanderfolgenden je einstündigen Aufnahmen folgende Größen ergaben: $14\overset{\mathrm{m}}{.}65$ $14\overset{\mathrm{m}}{.}69$ $14\overset{\mathrm{m}}{.}65$ $14\overset{\mathrm{m}}{.}65$ $14\overset{\mathrm{m}}{.}65$ $15\overset{\mathrm{m}}{.}12$ $14\overset{\mathrm{m}}{.}77$. Der rasche Verlauf der Schwächungen ist auch an anderen Stellen der Beobachtungsreihe aufgezeigt, doch scheinen die Minima wechselnde Gestalt zu haben, da es sonst unverständlich wäre, daß auf zweistündig belichteten Tripletplatten die integrierte Helligkeit unter $15\overset{\mathrm{m}}{.}0$ liegen kann. Die Verteilungskurve der Helligkeit nach Größenstufen zeigt nicht den charakteristischen Doppelgipfel der β Lyrae-Sterne, sondern eine symmetrisch flankierte Spitze bei $14\overset{\mathrm{m}}{.}65$.

2391. **S 3966 Ori** U Geminorum-Art? $14\overset{\mathrm{m}}{.}2$—[$16\overset{\mathrm{m}}{.}8$.

Der Stern steht außerhalb der Tripletplatten und ist nur auf einer einzigen von 54 Platten des Astrographen 400/1600 mm, 1939 Nov. 7, 242 9575.52, beobachtet. Unter 52 Tripletplatten des Feldes k Orionis aus den Jahren 1927 bis 1929 zeigt eine (1928 Nov. 7) einen schwachen Eindruck $15\overset{\mathrm{m}}{.}7$ am Ort.

Der Stern ist unsichtbar auf 13 Platten des 140 mm-Tessars (Feld χ^2 Orionis) aus den Jahren 1950 und 1951. An bekannten Kleinen Planeten käme höchstens 956 Elisa in Betracht, doch mit so großen Abweichungen nach Ort und Helligkeit, daß die Identität sehr unwahrscheinlich ist. Das Objekt ist sicher ein Stern und zeigt keine Bewegung. Zeitlich benachbarte Platten fehlen.

2392. S 3967 **Ori** Mira-Stern; $13^m_{\cdot}2$—$17^m_{\cdot}2$.
M = 242 8193 + $225^d_{\cdot}6$ · E.
M − m = 105^d: Form der Lichtkurve β_2.

Max.	*E*	*B − R*
242 8193	0	0^d
8421	1	+ 2
8863	3	− 7
9324	5	+ 3
9560	6	+13
243 0023	8	+25
0235	9	+12
0460	10	+11
0698	11	+23
1146	13	+20
3370:	23	−12
3608	24	+ 1

Angegeben ist ein mittlerer Wert der Periode. Von $E = 5$ bis 13 war der instantane Wert $227^d_{\cdot}8$.

2393. S 3968 **Gem** Bedeckungsstern; $15^m_{\cdot}2$—$16^m_{\cdot}2$.
Der Veränderliche ist raschwechselnd. Wegen seiner geringen Helligkeit sind die Beobachtungen auf den Triplet-Platten unsicher. Folgende Minima und Schwächungen können als sicher gelten:

242 8835.595	$16^m_{\cdot}1$
9219.588	[15.8
9984.406	16.2
243 0025.554	16.1
0257.607	15.6
0368.357	15.6
1146.388	16.2

Das letzte Minimum ist durch eine Reihe von 7 Platten des Astrographen 400/1600 mm beobachtet. Die Dauer der Bedeckung ergibt sich daraus zu $D = 0^d_{\cdot}22$, $d = 0^d_{\cdot}0$. Falls es sich um einen β Lyrae-Stern handelt, könnte die Periode $< 1^d$ sein.

2394. S 3969 **Gem** β Lyrae-Stern? $13^m_{\cdot}6$—$14^m_{\cdot}1$.
Trotz guter Grundlagen gelang es nicht, die Periode zu bestimmen, die sicher $< 1^d$ sein müßte, jedoch, nach Ausweis der Reihenaufnahmen nicht kürzer als $0^d_{\cdot}35$ sein könnte. Die Beobachtungen weisen auf $P \sim 0^d_{\cdot}46$ hin, doch war keine gute Darstellung zu erzielen. Unperiodischer Lichtwechsel ist

nicht ausgeschlossen, obgleich die Verteilung der Beobachtungen auf die verschiedenen Helligkeitsstufen auf β Lyrae-Art hinweist.

2395. **S 3970 Gem** μ Cephei-Stern; $14^{m}.0-15^{m}.4$.
Der Lichtwechsel ist regellos. Wellen von 100^{d} bis 200^{d} Länge und Abschnitte sehr geringer Änderung treten auf. Weder eigentliche Stillstände noch rascher Lichtwechsel sind beobachtet. Der Stern ist rot. Die aus Blauplatten gewonnene Kurve liegt um $0^{m}.4$ bis $0^{m}.7$ unter derjenigen von schwach orthochromatischen Platten. Sie zeigt nur Lichtänderungen von $0^{m}.5$. Eine panchromatische Filterplatte hat den Stern $0^{m}.7$ über der Normalkurve.

2396. **S 3971 Gem** Langperiodisch; $13^{m}.3-15^{m}.3$.

$$M = 242\,8090 + 193^{d} \cdot E$$

Max.	E	$B-R$
242 8110	0	$+20^{d}$
8475	2	− 1
8850	4	−12
9236	6	−12
9590	8	−44
243 0020	10	0
0250:	11	+37
0450	12	+35
0793	14	+ 1

Die Lichtkurve ist sehr wenig regelmäßig; die Maxima streuen in der Höhe um fast 1^{m}. Der Stern ist rot.

2397. **S 3972 Gem** Algol-Stern; $14^{m}.8-16^{m}.5$.
Es sind nur wenige sichere Minima beobachtet. Etwa 50 Periodenwerte wurden versucht. Die größte Wahrscheinlichkeit besteht für $P = 3^{d}.32695$, ohne daß eine völlig einwandfreie Darstellung erzielt werden konnte.

2398. **S 3973 Gem** Algol-Stern? $15^{m}.1-16^{m}.6$.
Folgende Minima scheinen gesichert:

242 8425.60	$15^{m}.9$	243 0071.33	$16^{m}.0$
9334.33	15.8	0102.36	[16.0
9640.45	[16.0	0326.61	15.9
9697.35	15.8	0375.42	15.8
9930.61	16.6	0432.42	16.2
243 0023.40	15.9	0793.35	16.0

Es gelang nicht, die Periode aufzufinden, die sehr kurz sein müßte, wenn sie den Beobachtungen genügen sollte. Unperiodischer Lichtwechsel ist möglich.

2399. **S 3974 Gem** Algol-Stern; $12^{m}.8-13^{m}.6$.

$$m_1 = 2\,428\,192.26 + 1^{d}.428\,3286 \cdot E$$
$$D = 6^{h}.5 \quad d = 0^{h}$$

$A_1 = 0\overset{m}{.}8, \ A_2 = 0\overset{m}{.}8$

Min.	2 *E*	*B–R*
242 8192.31*	0	+0ᵈ.05
8453.63*	366	–0.01
8546.44*	496	–0.05
8594.33*	563	0.00
8924.26*	1025	–0.02
9163.59	1360	+0.07
9168.58	1367	+0.06
9193.53	1402	+0.01
9250.61	1482	–0.04
9251.35	1483	–0.02
9316.38	1574	+0.03
9638.45*	2025	+0.01
9910.61	2406	+0.07
243 0023.40	2564	+0.02
0025.55	2567	+0.03
0257.61*	2892	–0.01
0375.42	3057	–0.04
0377.60	3060	0.00
0704.68	3518	–0.01

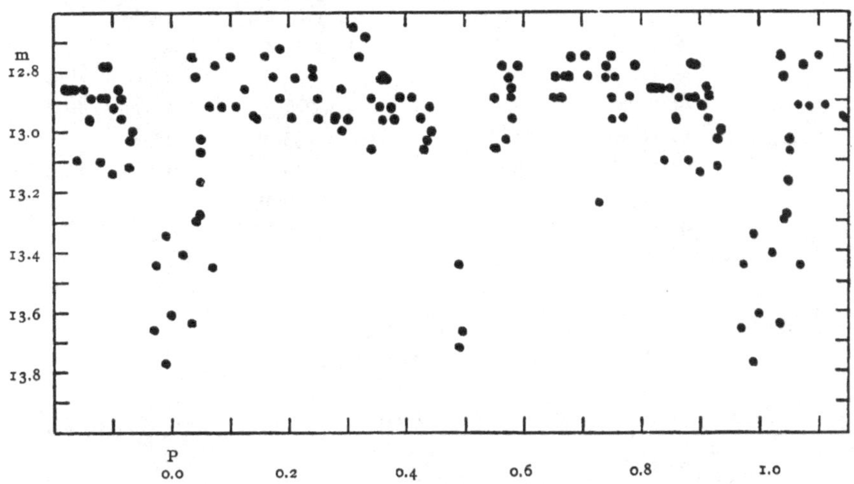

S 3974 Geminorum

Die mit * bezeichneten Minima sind als die sichersten anzusehen. Die Amplitude ergibt sich etwas größer als die Theorie zuläßt, doch ist der Unterschied gering. Die Streubreite der Beobachtungen ist für diesen im günstigen Helligkeitsbereich liegenden Stern ungewöhnlich hoch.

2400. S 3975 Gem Langperiodisch; $13\overset{m}{.}6$—$15\overset{m}{.}3$.

$M = 242\,8190 + 146^d \cdot E$

Max.	*E*	*B–R*
242 8190	0	0ᵈ
8475	2	– 7

Max.	E	$B-R$
8945	5	$+25^d$
9188	7	−24
9340	8	−18
9515	9	+11
9655	10	+ 5
9950	12	+ 8
243 0100	13	+12
0395	15	+15
0650	17	−22
0820	18	+ 2

Der rötliche Stern hält die Periode dauernd ein, doch zeigt die Lichtkurve starke Unregelmäßigkeiten. Manchmal treten sehr steile Aufstiege in Erscheinung. Die Amplituden der Einzelwellen variieren zwischen $0^m_.8$ und $1^m_.5$.

2401. **S 3976 Gem** Algol-Stern; $15^m_.1-16^m_.0$.
Wegen Lichtschwäche und Unschärfe der Epochen konnte die Periode nicht genau ermittelt werden; sie liegt aber sehr wahrscheinlich bei $0^d_.86$. Folgende Schwächungen wurden für sicher gehalten:

Min.	Gr.	Min.	Gr.
242 8193.50	$15^m_.6$:	242 9691.49	$15^m_.6$:
8547.28	15.5	243 0257.61	15.4
8835.60	15.9	0372.45	15.6
8894.36	15.8:	0409.54	15.8
9162.59	15.5	0433.40	15.5
9168.58	15.6	0638.50	16.0:
9229.57	15.6	0735.49	16.0
9501.60	15.6	0781.40	15.8
9531.62	15.6		

2402. **S 3977 Gem** β Lyrae-Stern; $13^m_.6-14^m_.2$.

$$m_1 = 242\,8494.47 + 1^d_.207\,6274 \cdot E.$$

$$A_1 = 0^m_.6 \quad A_2 = 0^m_.2.$$

Min.	E	$B-R$
242 8494.47	0	$0^d_.00$
8495.69	1	+0.01
9501.60	834	−0.03
9646.56	954	+0.01
9943.60	1200	−0.02
9965.43	1218	+0.07
243 0024.55	1267	+0.02
0257.61	1460	0.00
1146.42	2196	0.00

Zur Auffindung der Periode wurden 19 Schwächungen benutzt, wovon sich 2 als Nebenminima erwiesen. Vorstehende Tabelle gibt die 9 sichersten Epochen. Die Verteilung der *B–R* wurde wesentlich dadurch mitbestimmt, daß die letzte Epoche sehr sicher aus einer Reihe von 7 Platten ermittelt ist. Der Stern ist etwas blauer als die Vergleichsterne. Die Reduktion der Blauhelligkeiten auf das System der normalen schwach orthochromatischen Platten ist $+0\overset{m}{.}14$.

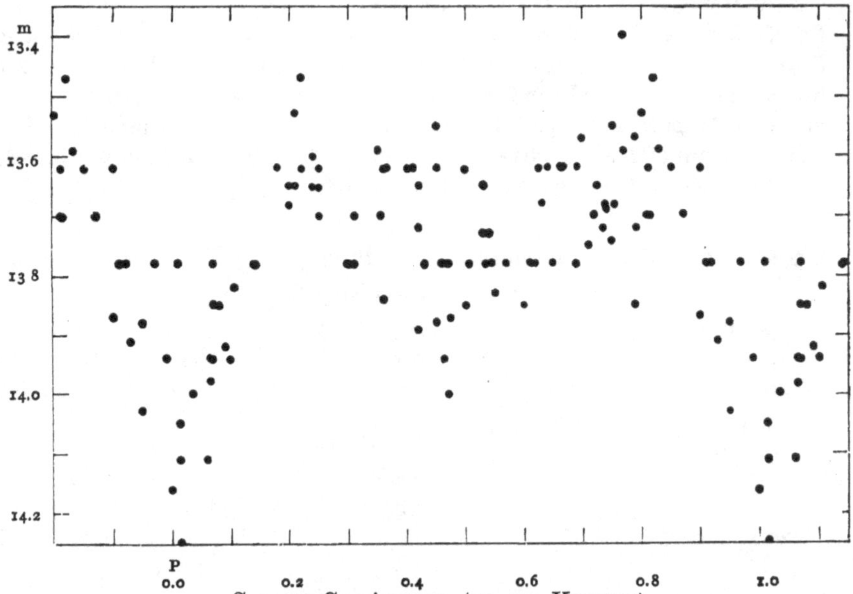

S 3977 Geminorum (17 cm Kamera)

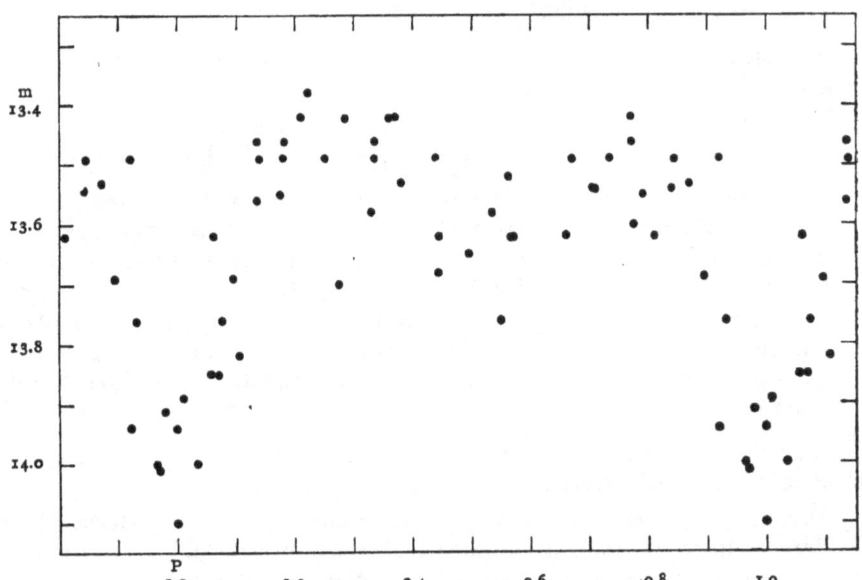

S 3977 Geminorum (40 cm Astrograph)

2403. **S 3978 Gem** μ Cephei-Stern; $11\overset{m}{.}9$—$13\overset{m}{.}6$.
Der Lichtwechsel ist regellos. Wellen von 100^d bis 150^d Länge mit Amplituden bis zu 1^m treten auf. seltener Stillstände oder Abschnitte geringen

Lichtwechsels von etwa derselben Länge. Auf Blauplatten ist die Amplitude etwas größer, die Grenzwerte sind $13^m_.2$ und $15^m_.2$. Der Stern ist stark rot.

2404. **S 3979 Gem** μ Cephei-Stern; $11^m_.4$—$12^m_.1$.

Der Lichtwechsel ist durch Wellen von 100^d bis 200^d Länge und meist geringer Amplitude gekennzeichnet. Stillstände sind bis zur Dauer von 200^d beobachtet. Einigemal sind jedoch auch kürzere Schwankungen von $0^m_.3$ und $0^m_.4$ Amplitude festgestellt, die innerhalb von 40^d abliefen. Der Stern ist rötlich, auf orthochromatischen Platten $\sim 0^m_.3$ heller, auf Blauplatten $0^m_.45$ schwächer als auf den normalen Tripletplatten.

2405. **S 3980 Gem** RR Lyrae-Stern; $14^m_.8$—$16^m_.3$.

$$M = 242\,9168.618 + 0^d_.645\,866 \cdot E.$$

Max.	E	$B-R$
242 9168.578	0	$-0^d_.040$
9250.606	127	−0.037
9340.354	266	−0.062
9575.518	630	+0.004
9659.485	760	+0.009
9729.328	868	+0.098
9984.406	1263	+0.059
243 0326.609	1793	−0.047
1144.320	3059	−0.002
1146.260	3062	0.000

Die Elemente sind nicht ganz sicher, die Periode ist aber wohl grundsätzlich richtig.

2406. **S 3981 Gem** μ Cephei-Stern; $13^m_.1$—$14^m_.1$.

Zwischen 2429160 und 9730 ist eine Periode von 80^d wirksam, die zu anderen Zeiten anscheinend auf etwa 100^d anwächst. Im ganzen aber macht die Lichtkurve hinsichtlich Form und Amplitude der Einzelwellen einen recht unregelmäßigen Eindruck. Die Klassifikation μ Cephei-Art ist gerechtfertigt, da in der Definition des Typus „längere Folgen von Wellen ähnlicher Länge" ausdrücklich zugelassen sind. Der Stern ist gelb, auf panchromatischer Filterplatte $0^m_.7$ heller, auf Blauplatten $0^m_.3$ schwächer als auf den Normalplatten.

2407. **S 3982 Gem** RW Aurigae-Stern; $13^m_.6$—$14^m_.8$.

Der Veränderliche macht zeitweise den Eindruck eines Algolsterns, da ein durch seltene Schwächungen unterbrochenes Normallicht bei $13^m_.8$ gut eingehalten wird. Zu anderen Zeiten ist er unruhig mit Schwächungen und Erhebungen. Eine etwa 8 Stunden überdeckende Plattenreihe zeigt ihn schwach mit geringen Schwankungen um $14^m_.5$. Am Vortag ist ein Abfall von $13^m_.9$ auf $14^m_.3$ in 2 Stunden beobachtet. Der Veränderliche ist gelber als die Vergleichsterne.

2408. S 3983 Gem RR Lyrae-Stern; $13^m.7-14^m.7$.

I. $M = 2\,428\,495.686 + 0^d.523\,750 \cdot E$.

II. $M = 2\,430\,781.310 + 0.523\,683 \cdot (E-4364)$ Typus RRb ?

Max.	E	$B-R$
242 8495.694	0	$+0^d.008$
8897.384	767	−0.018
8962.330	891	−0.017
8983.330	931	+0.033
9167.598	1283	−0.059
9231.540	1405	−0.015
9251.350	1443	−0.107
9302.280	1540	+0.019
9334.328	1601	+0.118
9639.590	2184	+0.034
9659.485	2222	+0.027
9670.478	2243	+0.021
9906.615	2694	−0.053
243 0023.405	2917	−0.060
0100.361	3064	−0.095
0258.591	3366	−0.037
0375.422	3589	−0.003
0376.413	3591	−0.059
0378.541	3595	−0.026
0409.490	3654	+0.022
0781.398	4364	+0.088
0793.350	4387	−0.005
1146.317	5061	0.000
3185.541	8955	+0.002
3306.504	9186	−0.006

Die größeren Werte der $B-R$ könnten aus der Form der Lichtkurve erklärt werden. Jedoch ist die Darstellung der Einzelbeobachtungen nicht ganz befriedigend. Die Elemente bedürfen daher der Nachprüfung mittels schärfer bestimmter Maxima. Von den vorstehend mitgeteilten Epochen ist nur die zu $E = 5061$ gehörende aus Reihenaufnahmen (7 Platten) bestimmt.

2409. S 3984 Gem Langperiodisch; $13^m.9-16^m.0$.

$M = 242\,8144 + 169^d.8 \cdot E$.

$M-m \sim 50^d$ bis 100^d.

Max.	E	$B-R$
242 8150	0	$+6^d$
8468	2	−16
8833	4	+10
9000	5	+ 7
9185	6	+22
9330	7	− 3
9695:	9	+23
243 0008	11	− 4
0333	13	−18

Der etwas rötliche Stern zeigt starke Unregelmäßigkeiten der Lichtkurve: steile und flache Aufstiege und Abflachungen auf eine Amplitude von $\sim 1^{m}$.

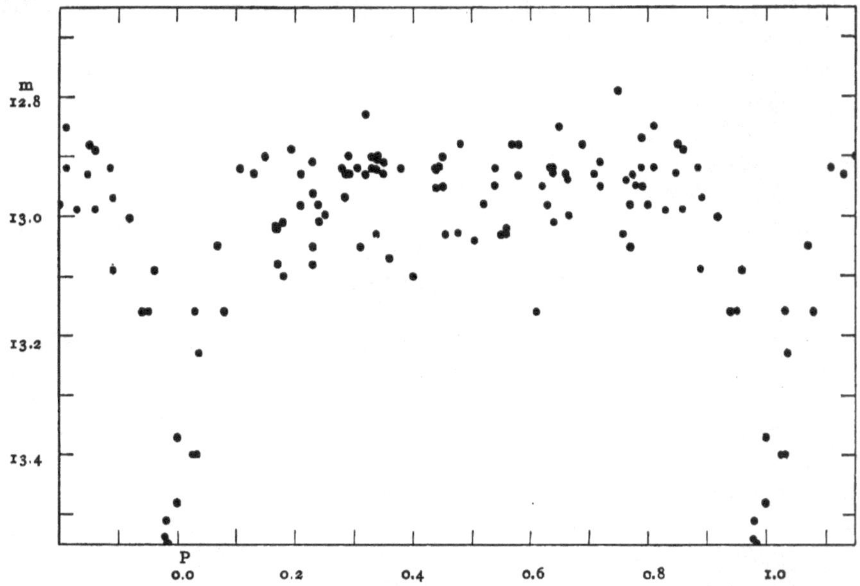

S 3985 Geminorum (17 cm-Kamera)

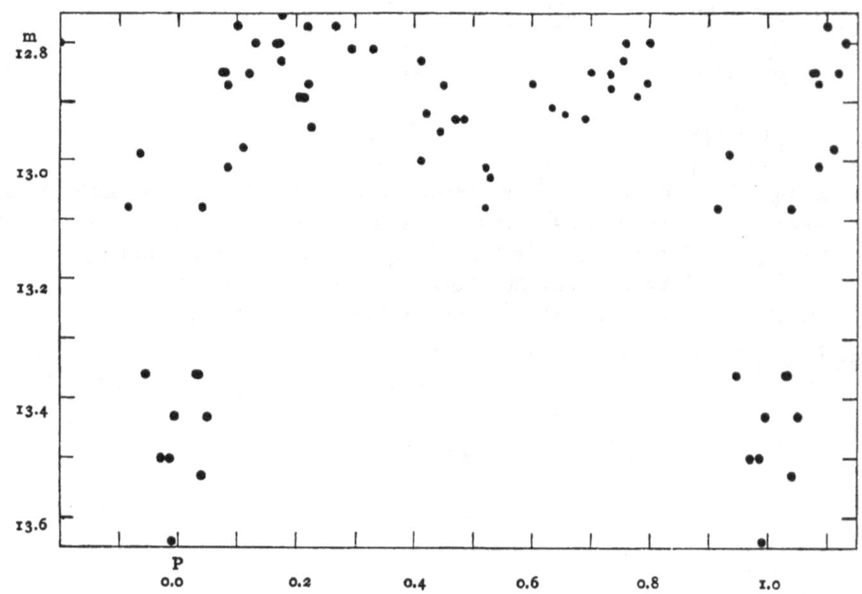

S 3985 Geminorum (40 cm-Astrograph)

2410. **S 3985 Gem** β Lyrae-Stern; $12^{m}_{.}8-13^{m}_{.}5$.
$m_1 = 242\,8251.340 + 0^{d}_{.}941\,143 \cdot E$.
$A_1 = 0^{m}_{.}7 \quad A_2 = 0^{m}_{.}2$.

Min.	E	B-R
242 8251.328	0	$-0^d.012$
8924.264	715	+0.007
9575.518	1407	$-0^d.010$
9576.492	1408	+0.023
9638.622	1474	+0.037
9640.447	1476	−0.020
9910.606	1763	+0.031
243 0023.540	1883	+0.028
0261.605	2136	−0.016
0326.609	2205	+0.049
0376.413	2258	−0.028
0409.370	2293	−0.011
0793.350	2701	−0.017
1146.290	3076	−0.006

2411. **S 3986 Gem** Unregelmäßig; $12^m.5$—$13^m.1$.
Ein Stillstand von 2429163 bis 9364 bei $13^m.0$, vielleicht noch länger, ist beobachtet. Bei 2429625 und 2430390 zeigt der Stern Aufstiege von $0^m.5$ in 70^d bzw. $0^m.6$ in 30^d. Außerdem sind einige längere Wellen von $0^m.2$ bis $0^m.4$ Amplitude belegt. Der Stern ist auf panchromatischen Filterplatten um $0^m.5$ heller als auf Blauplatten, ist also nur schwach gefärbt. Er dürfte dem UV Bootis-Typus angehören. — Der Veränderliche steht außerhalb des Feldes der Triplet-Platten.

2412. **S 3987 Gem** RR Lyrae-Stern; $13^m.8$—$15^m.6$.
Da der Stern außerhalb des Feldes der Triplet-Platten steht, ist das Material sehr dürftig. Folgende Erhellungen sind beobachtet:

Max.	Gr.	Max.	Gr.
242 9317.463	$14^m.4$	242 9729.328	$14^m.2$
9364.369	14.3	9943.596	13.9
9575.518	13.8	243 0025.554	14.0
9632.487	14.1	0412.515	14.4
9691.494	14.3	1145.429	14.1

Die Periode dürfte bei $0^d.36$ liegen. Die große Amplitude deutet auf Untertypus RRa hin.

Feld e Geminorum
C. Hoffmeister

2413. **48.1934 Mon** Algol-Stern; $12^m.5$—[$14^m.7$.
$m = 242\ 7100.25 + 12^d.4671 \cdot E.$
$D = 1^d.24$, d nicht bestimmbar.

Min.	E	B–R	Min.	E	B–R
242 7100.37	0	$+0^d.12$	242 9194.58	168	$-0^d.14$
7474.28	30	+0.02	9219.51	170	−0.15
8209.80[1])	89	−0.02	0329.09[2])	259	−0.14
8496.51	112	−0.06	1027.57	315	+0.18

[1]) 2 Beobachtungen an aufeinanderfolgenden Tagen
[2]) Extrapoliert nach der Lichtkurve.

2414. **S 3999 Gem** Halbregelmäßig; $11^m.2-12^m.6$.

Der rötliche Stern zeigt regellose Wellen geringer Amplitude, die von einer langperiodischen Schwingung überlagert werden. Diese ist über die ganze Beobachtungsreihe wirksam und folgt genähert der Formel:

$$M = 242\,7720 + 1145^d \cdot E.$$

Maxima	Minima
242 7720	242 7100
8950	8350
243 0120	9460
1170	243 0630
2280	1650
3370	2860

Die Amplitude der langen Welle ist veränderlich zwischen $0^m.4$ und $1^m.3$.

2415. **227.1943 Gem** μ Cephei-Art; $12^m.5-13^m.8$.

Kennzeichnend für den Lichtwechsel des nur schwach rötlichen Sterns ist eine flache Welle, die in Länge von im Mittel 835^d über die ganze Beobachtungszeit nachweisbar ist. Maxima wurden beobachtet zu den Zeiten 242 7430, 8400, 9150, 2430800, 1600:, 3270. Diesem Lichtwechsel sind jedoch zuzeiten raschere Schwankungen überlagert, so z. B. bei 242 8950 ein Aufstieg um $0^m.5$ in 15^d, um 2430350 eine Welle mit $0^m.5$ Amplitude von 115^d Länge, doch treten diese Bestandteile im allgemeinen zurück. Kleinere Unregelmäßigkeiten im Kurvengang sind dagegen zahlreich vorhanden. Es scheint kaum gerechtfertigt, den Lichtwechsel als periodisch zu bezeichnen.

2416. **S 3751 Gem** Raschwechselnd; $13^m.4-14^m.1$.

Die Beobachtungen deuten auf raschen Bedeckungslichtwechsel hin; die Differenzen der Minima liegen einer Periode von $0^d.285$ nahe, so daß wohl W UMa-Lichtwechsel mit $P = 0^d.57$ anzunehmen wäre. Jedoch war es mit dieser Hypothese nicht möglich, auch nur aus kurzen, dichten Teilreihen brauchbare Lichtkurven zu erhalten. Reihenaufnahmen zeigen jeweils innerhalb von 3 bis 4 Stunden keinen merklichen Lichtwechsel. Es ist daher die Möglichkeit in Betracht zu ziehen, daß die Veränderungen rasch und unperiodisch erfolgen nach Art der RWs-Sterne.

2417. **S 4000 Gem** Algol-Stern; $15^m.2-16^m.2$.

$$m = 242\,9167.555 + 1^d.661\,124 \cdot E.$$
$D = 4^h$:, d nicht bestimmbar.

Min.	E	$B-R$	Min.	E	$B-R$
242 9167.60	0	$+0^d.04$	243 0328.68	699	$0^d.00$
9250.61	50	0.00	0383.51	732	+0.01
9579.46	248	−0.05	0428.35	759	0.00
9727.35	337	0.00	1353.58	1316	−0.01

2418. Ross 196 Gem Mira-Stern; $12^{m}.8$—[$17^{m}.4$.

$M = 242\,8162 + 288^{d}.9 \cdot E.$

$M - m = 130^{d}$:.

Max.	Gr.	E	$B-R$	Max.	Gr.	E	$B-R$
242 8153	$13^{m}.0$	0	-9^{d}	243 1058	—	10	$+7^{d}$
8450	12.8	1	−1	1345	—	11	+5
9330:	—	4	+12	1911	13.0	13	−7
9610:	—	5	+4	2210	13.0	14	+3
243 0472	—	8	−1	3356	12.8	18	−6
0769	13.2	9	+7				

Die Minimalhelligkeit liegt wahrscheinlich bei $17^{m}.6$.
Form der Lichtkurve α 4.

2419. 228.1943 Mon μ Cephei-Art; $13^{m}.4$—$14^{m}.4$.
Von 242 7100 bis 7900 scheinen nur flache Wellen zu bestehen; sodann wird der Lichtwechsel über die ganze Beobachtungszeit durch Wellen von 75^{d} bis 150^{d} mit wechselnder Amplitude beherrscht. Periodizität ist nur vorübergehend nachzuweisen, so von 8070 bis 8630 mit $P = 137^{d}$. Der Stern ist rot.

2420. 229.1943 Gem Unregelmäßig; $14^{m}.2$—$15^{m}.6$.
Der Veränderliche ist stark rot. Auf Blauplatten sind die Grenzgrößen $15^{m}.5$ und $17^{m}.0$. Der Lichtwechsel vollzieht sich wahrscheinlich in mäßig langen Wellen. Ein Maximum lag bei 243 1450.

2421. 10.1924 Mon U Geminorum-ähnlich; $14^{m}.9$—$16^{m}.6$.
Der Stern ist von M. Wolf entdeckt (AN 221.379, 1924).
Auf den weitaus meisten Platten ist er [16^{m}; daher ist das Material sehr lückenhaft. Sicher bobachtet sind jedoch einige spitze Maxima: 243 0326 $15^{m}.9$, 0328 $15^{m}.55$; 0428 $15^{m}.7$, 0433 $15^{m}.4$, 0435 $16^{m}.5$; 0734 $15^{m}.4$, 0735 [$15^{m}.9$; 1441 $14^{m}.85$, 1443 $16^{m}.0$, 1461 $16^{m}.4$. Damit scheint U Geminorum-artiger Lichtwechsel gesichert, jedoch ist die Amplitude relativ klein.

2422. 15.1924 Mon Unregelmäßiger Nebelveränderlicher; $15^{m}.3$—$17^{m}.1$.
Es handelt sich um einen der Wolfschen Veränderlichen bei S Monocerotis (AN 221.380; 1924). Wegen der Lichtschwäche des Sterns ist das Material dürftig, läßt aber erkennen, daß der Lichtwechsel unperiodisch und verhältnismäßig langsam ist. Beobachtet sind teils Wellen von mittlerer, teils solche von sehr geringer Amplitude und Längen von 100^{d} bis 200^{d}. Bemerkenswert ist ein steiler Aufstieg von 2430996 $16^{m}.6$ auf 1035 $15^{m}.3$, anscheinend mit folgendem langsamem Abfall. Sonst sind keine raschen Änderungen belegt. Über die Farbe läßt sich nichts Sicheres aussagen; starke Rotfärbung liegt offenbar nicht vor.

2423. S 4001 Mon RW Aurigae-Stern; $14^{m}.1$—$15^{m}.3$.
Der Lichtwechsel verläuft sehr unruhig. Dichte Teilreihen ergeben Wellen von etwa 2^{d} mit $0^{m}.5$ Amplitude, denen Schwankungen der mittleren Hellig-

keit überlagert sind, doch ist dieses Verhalten nicht eigentlich typisch für den Stern, da an anderen Stellen längere und ganz regellose Wellen auftreten. Stillstände sind nicht beobachtet. Abflachungen der Kurve sind wahrscheinlich. Der Stern ist nicht merklich gefärbt. Er gehört der Gruppe von S Monocerotis an.

2424. S 4002 **Mon** RW Aurigae-Stern; $14^{\rm m}.2$—$15^{\rm m}.4$.

Der Charakter dieses Veränderlichen ist sehr ähnlich dem des benachbarten Sternes S 4001 Mon. Der Verlauf der Lichtänderungen ist aber wohl etwas ruhiger. Stillstände sind nicht beobachtet. Der Stern ist nicht merklich gefärbt.

2425. S 4003 **Mon** RW Aurigae-Stern; $14^{\rm m}.3$—$15^{\rm m}.7$.

Der Lichtwechsel verläuft sehr unruhig. Stillstände oder wesentliche Abflachungen sind nicht beobachtet; auch wird offenbar keine bestimmte Helligkeitslage bevorzugt. Gelegentlich kommen U Geminorum-artige Erhebungen vor.

2426. S 4004 **Mon** U Geminorum-ähnlich; $15^{\rm m}.3$—$16^{\rm m}.6$.

Wegen Lichtschwäche ist das Material lückenhaft, doch ist das Auftreten kurzdauernder Erhellungen gesichert. Folgende Beispiele kennzeichnen den Lichtwechsel: 2430326 $15^{\rm m}.7$, 0327 $15^{\rm m}.6$, 0328 $15^{\rm m}.8$; 1027 $16^{\rm m}.0$, 1028 $15^{\rm m}.4$, 1031 $16^{\rm m}.4$. Diese und andere Fälle scheinen zu zeigen, daß lange und kurze Maxima vorkommen. Insgesamt sind folgende Erhellungen beobachtet: 2430327, 0698 ?, 0780, 0995, 1028, 1142, 1352, 1450:, 1910 ?, 2211, 3356. Eine Wiederkehr nach etwa $35^{\rm d}$ und Vielfachem ist angedeutet, doch nicht dauernd wirksam. So ist z. B. das bei 0432 zu erwartende Maximum durch die von 0428 bis 0435 reichenden Beobachtungen nicht bestätigt. Der Veränderliche verhält sich also wie ein normaler U Gem-Stern, nur scheint die Amplitude relativ klein zu sein, denn ein Absinken der Helligkeit unter $16^{\rm m}.6$ ist nach den Beobachtungen unwahrscheinlich.

2427. S 4005 **Mon** RW Aurigae-Stern; $13^{\rm m}.9$—$16^{\rm m}.5$.

Der Veränderliche ist ein typischer Vertreter seiner Klasse mit raschem Lichtwechsel und großer Amplitude. Soweit die Beobachtungen sichere Schlüsse zulassen, ist er dauernd aktiv ohne Stillstände oder Abflachungen. Bemerkenswert sind die dann und wann auftretenden U Gem-artigen Erhebungen. Der Stern steht zwar in einer Gegend mit normaler Sterndichte, doch nur $0^{\circ}.2$ vom Rande der Dunkelwolke entfernt, die sich von S Monocerotis nordwärts erstreckt. Er hat $1^{\circ}.4$ Abstand von den zentralen hellen Nebeln und darf daher wohl der S Mon-Gruppe von Nebelveränderlichen zugezählt werden.

2428. 230.1943 Mon Algol-Stern; $11^{m}.5-12^{m}.9$.

$m = 242\,7099.26 + 4^{d}.04761 \cdot E.$

$D = 17^{h} \quad d = 0^{h}.$

Nebenminimum $0^{m}.05$ schwach angedeutet.

Min.	Gr.	E	$B-R$	Min.	Gr.	E	$B-R$
242 7099.37	$12^{m}.3$	0	$+0^{d}.11$	242 9313.29	12.9	547	$-0^{d}.01$
7718.56	12.8	153	+0.02	0705.64	12.7	891	−0.04
8127.48	12.4	254	+0.13	1029.51	12.7	971	+0.03
8220.30	12.3	277	−0.14	1470.65	—	1080	−0.02
8629.34	12.4	378	+0.09	2211.45	12.7	1263	+0.06
8835.66	12.9	429	−0.02	3239.50	12.8	1517	+0.02

2429. S 4006 Gem RW Aurigae-Stern; $14^{m}.4-16^{m}.3$.
Auch dieser Stern zeigt die typischen Eigenschaften seiner Klasse. Der Lichtwechsel verläuft zeitweils sehr rasch, doch überschreitet die Amplitude der Einzelwellen selten 1^{m} und liegt meist bei $0^{m}.6$. Stillstände sind nicht beobachtet. Lange Zeit hindurch ist die Mittellage der Helligkeit etwa $14^{m}.8$, doch um 2431450 liegt eine Reihe von Beobachtungen nahe $15^{m}.5$. Die rascheste gesicherte Änderung ist $0^{m}.8$ in 1^{d}. Der Veränderliche steht in sternreicher Gegend dicht bei ξ Gem, $3^{\circ}.4$ von den Nebeln bei S Mon entfernt.

2430. S 3752 Gem RW Aurigae-ähnlich ?; $12^{m}.4-12^{m}.8$.
Die Beobachtungen ergeben sehr raschen Lichtwechsel, so daß der Veränderliche zunächst als W UMa-Stern behandelt wurde, doch führen die einzig möglichen Halbperioden bei $0^{d}.21$ und $0^{d}.26$ zu unlösbaren Widersprüchen. Auch gelang es nicht, selbst aus kurzen Abschnitten auch nur Andeutungen einer regelmäßigen Lichtkurve zu erhalten. Eine Teilreihe von 13 Beobachtungen innerhalb von 16 Tagen ist mit der Annahme flacher, regelloser Wellen von mehrtägiger Länge vereinbar. Der Schluß auf unperiodischen Lichtwechsel ist zwingend, sofern man das photographische Beobachtungsmaterial für zuverlässig hält. Eine Einschränkung ergibt sich aus der bekannten Streuung der photographischen Beobachtungen in Verbindung mit der geringen Amplitude, doch ist zu beachten, daß der Stern einem günstigen Helligkeitsbereich angehört. Der Veränderliche ist blauer als die Vergleichsterne.

2431. 231.1943 Gem Algol-Stern; $11^{m}.6-12^{m}.6$.

$m = 242\,7102.40 + 0^{d}.819\,133 \cdot E.$

$D = 2^{h}.8 \quad d = 0^{h}.$

Min.	E	$B-R$	Min.	E	$B-R$
242 7102.37	0	$-0^{d}.03$	243 0412.52	4041	$0^{d}.00$
7474.28	454	−0.01	0431.33	4064	−0.03
8428.61	1619	+0.03	0780.30	4490	−0.01
8542.45	1758	+0.01	0996.60	4754	+0.04
8547.36	1764	+0.01	1413.52	5263	+0.02
8597.31	1825	−0.01	2944.42	7132	−0.04
8835.66	2116	−0.03			

2432. 232.1943 Gem Langperiodisch; $12^m\!.2$—$15^m\!.4$.

$$M = 242\,8017 + 393^d \cdot E.$$

Max.	E	$B-R$	Max.	E	$B-R$
242 8025	0	$+8^d$	243 0360	6	-15^d
8410	1	0	0775	7	+ 7
9183	3	−13	1165	8	+ 4
9596	4	+7	1555	9	+ 1

Der Veränderliche wurde nicht als Mirastern klassifiziert, weil er zeitweilig starke Unregelmäßigkeiten zeigt. Die vor 242 8000 liegenden, bei 7098 beginnenden Beobachtungen werden durch die Elemente nur sehr unvollkommen dargestellt. Ein bei 7500 bis $12^m\!.6$ beobachteter Aufstieg könnte zum Maximum $E = -1$ (7624) gerechnet werden; dagegen paßt eine isolierte Beobachtung 7842 $12^m\!.4$ nicht zu den Elementen. Auffällig ist aber, daß die beiden abweichenden Epochen wieder um mehr als 300^d differieren, als ob um 8000 eine große Phasenverschiebung stattgefunden hätte. Auch ein Aufstieg auf $13^m\!.4$ bei 8250 fügt sich schlecht ein. Leider sind die Sonnenlücken der korrekten Deutung des Lichtwechsels sehr hinderlich. Der Stern ist tiefrot: auf stark orthochromatischen Platten $1^m\!.2$ heller, auf Blauplatten $1^m\!.3$ schwächer als auf der Normalsorte Kranz- Ultra.

2433. S 4007 Mon Algol-Stern? $13^m\!.9$—$14^m\!.2$.

Der Stern steht außerhalb des Feldes der 170 mm-Triplet-Platten und ist in Anbetracht der kleinen Amplitude zu schwach für das 140 mm-Triplet. Die 33 Platten des Astrographen 400/1600 mm ergeben folgende Schwächungen: 243 0326.65, 0618.60, 1027.57.

2434. S 3753 Gem μ Cephei-Stern; $12^m\!.8$—$14^m\!.2$.

Die Lichtkurve dieses rötlichen Sterns verläuft sehr unruhig. Neben Wellen von mehreren hundert Tagen treten solche von 50 bis 100 Tagen auf, anscheinend auch noch manchmal viel raschere Auf- und Abstiege kleinerer Amplitude. Flacher Verlauf scheint besonders nahe dem kleinsten Licht vorzukommen.

2435. S 4008 Gem Unregelmäßig; $13^m\!.6$—$14^m\!.5$.

Die Lichtkurve verläuft meist unruhig mit Wellen von 60^d bis 100^d Länge und Amplituden zwischen $0^m\!.5$ und $0^m\!.7$. Einige Abschnitte weisen jedoch auch nahezu Stillstand oder langsame Zu- oder Abnahme ohne Wellenform auf, wahrscheinlich auch bis zur Dauer von etwa 100^d. Der Lichtwechsel muß daher als regellos bezeichnet werden. Der Stern ist offenbar nicht merklich gefärbt, und es besteht die Wahrscheinlichkeit, daß er dem UV Bootis-Typus zuzuzählen ist.

2436. 233.1943 Gem Algol-Stern; $12^m\!.6$—$15^m\!.4$.

$$m = 242\,8108.49 + 6^d\!.10222 \cdot E.$$
$$D = 12^h\!.9 \quad d = 0^h.$$

Min.	Gr.	E	$B-R$	Min.	Gr.	E	$B-R$
242 8108.53	$14^m_.2$	0	$+0^d_.04$	243 0433.34	$14^m_.0$	381	$-0^d_.10$
9194.58	14.4	178	−0.11	1031.52	14.9	479	+0.07
9249.48	[14.0	187	−0.13	1489.25	[13.4	554	+0.13
243 0372.57	14.4	371	+0.16	3246.53	14.4	842	−0.03
0378.53	15.4	372	+0.01	3356.35	14.1	860	+0.05

2437. **S 4009 Gem** Unregelmäßig; $11^m_.0-11^m_.9$.

Der Lichtwechsel ist zeitweilig sehr gering, zu anderen Zeiten recht unruhig mit Amplituden um $0^m_.5$ und Mittellage der Lichtkurve um $11^m_.3$. Einige Male ist ein Absinken der mittleren Helligkeit über längere Zeit auf $11^m_.8$ beobachtet. Offenbar sind aber dem langsameren Lichtwechsel rasche Schwankungen überlagert mit Amplituden von etwa $0^m_.6$ innerhalb einiger Tage im blauen Spektralbereich. Auf den normalen schwach orthochromatischen Platten sind diese Schwankungen weniger auffällig; Änderungen von $0^m_.5$ in 10^d sind aber auch hier beobachtet. Dieser Befund war der Anlaß, daß in der Entdeckungsanzeige kurzperiodischer Lichtwechsel für möglich gehalten wurde. 303 visuelle Beobachtungen bestätigten letzteren nicht, ergaben aber auch dann und wann Schwankungen von $0^m_.3$ in einigen Tagen und im Verlaufe von 6 Stunden solche von $0^m_.2$, die wahrscheinlich für reell zu halten sind. Der Stern ist merklich gefärbt. Er ist auf Blauplatten um $0^m_.3$ schwächer, visuell um $0^m_.9$ heller als auf den normalen Platten, so daß der Farbenindex zu etwa $+1^m_.2$ anzunehmen ist. Möglicherweise liegt eine Variante des RW Aurigae-Typus vor.

2438. **S 4010 Mon** Mira-Stern; $13^m_.2-[17^m_.0$.

$$M = 242\,7578 + 527^d \cdot E.$$

Max.	E	$B-R$	Max.	E	$B-R$
242 7570	0	-8^d	242 9690	4	$+4^d$
8120	1	+15	243 0200	5	−13
8610	2	−22	0760	6	+20
9150	3	−9	1250	7	−17

Alle Maxima unsicher; Unterteilung der Periode nicht möglich.

2439. **234.1943 Gem** Bedeckungsstern; $14^m_.7-15^m_.8$.

$$m = 243\,0327.71 + 0^d_.6956 \cdot E.$$

Zu folgenden Zeiten war der Stern sicher nahe dem Minimum: 2430327.67, 0374.36, 0378.53, 0412.62, 0463.37, 0734.61, 2944.42. Die Lichtschwäche des Sterns in Verbindung mit der Unschärfe der Epochen erlaubt mit den vorhandenen Beobachtungsmitteln keine genauere Untersuchung.

2440. **235.1943 Mon** μ Cephei-Art; $13^m_.5-14^m_.8$.

Der Lichtwechsel des stark roten Sterns zeigt lange Wellen, seltener Stillstände. Mäßig rasche Änderungen der Helligkeit kommen vor; so ist bei 243 1450 ein Aufstieg um $0^m_.6$ in 35^d durch beide Plattenreihen belegt. Der

Lichtwechsel scheint demnach völlig regellos zu sein. Auf Blauplatten ist der Stern $1^m.6$ schwächer, auf stark orthochromatischen Platten $0^m.6$ heller als auf der schwach sensibilisierten Plattensorte Kranz- Ultra.

2441. S 4011 Mon Mira-Stern; $13^m.4$—[$17^m.1$.

$M = 243\,0751 + 236^d \cdot E.$

Max.	E	$B-R$
243 0280:	−2	$+1^d$
0754	0	+3
0995:	1	+8
1220	2	−3
1458	3	−1

Die Beobachtungen auf älteren Platten des 140 mm-Triplets sind unsicher wegen eines Nachbarsterns; wahrscheinlich würden sie eine etwas längere Periode verlangen. Die Maxima sind spitz.

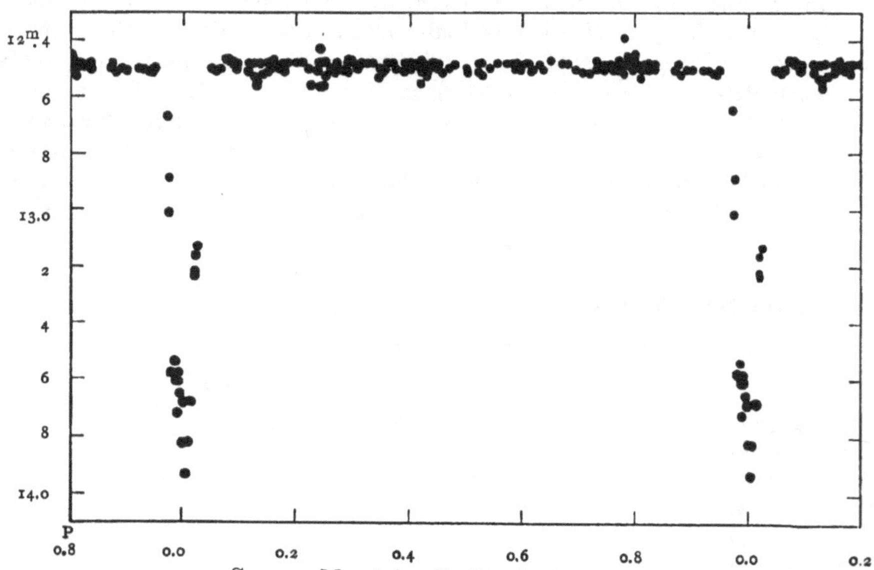

S 4012 Mon (visuelle Beobachtungen)

2442. S 4012 Mon Algol-Stern; $12^m.5$—$14^m.8$.

$m = 242\,7502.182 + 5^d.638605 \cdot E.$

$D = 12^h.2 \quad d = 0^h.$

Min.	Gr.	E	$B-R$	Min.	Gr.	E	$B-R$
242 7502.308	$13^m.4$	0	$(+0^d.126)$	243 0349.677	$14^m.8$	505	$-0^d.001$
8494.553	14.8	176	−0.023	0383.513	14.5	511	+0.004
8511.513	14.2	179	+0.021	0400.294	13.6	514	(−0.131)
8951.308	14.5	257	+0.005	1443.471	13.7	699	(−0.096)
9340.342	[14.2	326	−0.025	2176.622	14.6	829	+0.036
9633.443	13.5	378	(−0.132)	2943.450	(vis.)	965	+0.014
				3005.430	(vis.)	976	−0.030

Die eingeklammerten Werte von $B-R$ beziehen sich auf Beobachtungen außerhalb des kleinsten Lichts. Das photographische Minimum ist um eine Größenklasse tiefer als das visuelle. Es ist daher anzunehmen, daß die schwächere Komponente rot ist.

2443. S 4013 **Gem** Algol-Stern; $13^m.0$—$14^m.2$.

$m = 242\,8193.42 + 2.88471 \cdot E.$
$D = 7^m.3 \quad d = 0^h.$

Min.	E	$B-R$	Min.	E	$B-R$
242 8193.41	0	$-0^d.01$	242 8865.59	233	$+0^d.03$
8245.33	18	−0.01	243 1441.53	1126	−0.07
8542.45	121	−0.02	3302.30	1771	+0.06
8597.31	140	+0.03			

2444. 236.1943 **Mon** μ Cephei-Art; $12^m.2$—$13^m.6$.

Der rote Stern zeigt nur lange, flache Wellen ohne Regelmäßigkeit. Die raschesten Änderungen sind An- und Abstiege um $0^m.5$ in 50^d. Stillstände von 100^d Dauer treten auf. Die Helligkeiten auf Blauplatten liegen von $0^m.6$ bis $1^m.8$ unter, diejenigen auf stark orthochromatischen Platten um etwa $0^m.7$ über denjenigen der angenommenen Lichtkurve.

2445. 237.1943 **Gem** V Ursae Minoris-Art; $11^m.9$—$13^m.5$.

$M = 242\,8072 + 133^d \cdot E.$
$M - m = 45^d$ bis 65^d.

Max.	E	$B-R$	Max.	E	$B-R$
242 8100	0	$+28^d$	243 0620	19	$+21^d$
8215	1	+10	0735:	20	+ 3
8454	3	−17	1015:	22	+17
8580	4	−24	1388	25	− 9
8845	6	−25	1530	26	0
8970	7	−33	1912:	29	−17
9233	9	−36	2212	31	+17
9650	12	−18	2900	36	+40
243 0348	17	+15	3285	39	+26
0465	18	− 1			

Die Maxima bis $E = 9$ werden besser mit $P = 125^d$ dargestellt. Die Lichtkurve wechselt ihre Form; mehrfach ist ein Stillstand im absteigenden Ast beobachtet, in anderen Fällen ein glatter Verlauf, wobei recht steile Abstiege, 1^m in $\sim 20^d$, vorkommen. Die vor 2428000 liegenden Beobachtungen passen nicht zu den Elementen. Um 7400 sind Maxima und Minima kaum zu erkennen. Der Stern ist rötlich.

2446. 474.1934 **Mon** μ Cephei-Stern; $14^m.5$—$15^m.8$.

Die Lichtänderungen verlaufen, soweit das etwas dürftige Material erkennen läßt, in regellosen Wellen von 100 bis 200^d Länge. Etwas raschere Änderungen sind stellenweise angedeutet. Die Amplituden der Einzelwellen erreichen 1^m; andererseits beobachtet man auch starke Abflachungen. Der Stern scheint nur schwach gefärbt zu sein.

2447. **S 3754 Gem** Algol-Stern; $13^m.7$—$16^m.6$.

$m = 243\,0346.705 + 4^d.32653 \cdot E.$
$D = 11^h$ d nicht bestimmbar.

Min.	E	$B-R$	Min.	E	$B-R$
243 0346.62	0	$-0^d.08$	243 0792.41	103	$+0^d.07$
0368.36	5	+0.02	1008.63	153	−0.03
0372.57	6	−0.09	2211.45	431	+0.01
0433.34	20	+0.10	3682.44	771	−0.02

2448. **S 4014 Mon** RW Aurigae-Stern; $13^m.8$—$16^m.4$.

Der Veränderliche gehört zu der „Algol-ähnlichen" Variante. Kennzeichnend sind die tiefen Minima, deren Darstellung durch eine Periode prinzipiellen Schwierigkeiten begegnet. Der Lichtwechsel verläuft offenbar sehr rasch. Auch das „Normallicht" zeigt rasche Änderungen mit etwa $0^m.5$ Amplitude Der Stern ist auf Blauplatten im „Normallicht" von $0^m.3$ heller als auf schwach orthochromatischen Platten, also blauer als die Vergleichssterne.

2449. **238.1943 Gem** RW Aurigae-ähnlich; $13^m.6$—$14^m.4$.

Der Stern ist nicht merklich gefärbt. Die Beobachtungen streuen regellos um eine Mittellage von etwa $14^m.0$. Eine Reihe von 13 Beobachtungen 243 0368 bis 0383 zeigt mehrtägige unperiodische Wellen mit $0^m.6$ Amplitude. An anderen Stellen sind Schwankungen um $0^m.7$ von einem Tag zum nächsten mehrfach belegt. Andererseits ist der Stern auch an mehreren aufeinander folgenden Tagen ohne Änderung beobachtet, und 4 einstündige Aufnahmen 243 3682 sowie eine aus der vorausgegangenen Nacht zeigen ihn konstant bei $13^m.8$. Diese Befunde sprechen gegen kurzperiodischen Lichtwechsel und lassen nur die oben gegebene Deutung zu.

2450. **S 4015 Gem** μ Cephei-Art; $13^m.9$—$15^m.3$.

Die Lichtkurve zeigt im allgemeinen lange Wellen von 200^d bis 300^d Dauer und wechselnder Amplitude ohne erkennbare Regelmäßigkeit. Einige Beobachtungen auf Platten des 140 mm-Triplets deuten jedoch auf rasche Änderungen hin, ohne daß diese als gesichert gelten dürften. Längere Stillstände sind nicht beobachtet. Der Stern ist anscheinend nur schwach gefärbt.

2451. **S 4016 Gem** RR Lyrae-Stern; $14^m.3$—$16^m.0$.

$M = 243\,0377.35 + 0^d.471805 \cdot E.$
$M - m = 0^d.095$, Typus RRa.

Max.	E	$B-R$	Max.	E	$B-R$
243 0377.363	0	$+0^d.013$	243 1008.629	1338	$+0^d.004$
0381.605	9	+0.009	1145.509	1628	+0.060
0382.602	11	+0.062	1470.535	2317	+0.013

Max.	E	B–R	Max.	E	B–R
0383.513	13	+0.030	2173.521	3807	+0.009
0409.487	68	+0.054	3356.353	6314	+0.026
0428.346	108	+0.041	3682.335	7005	−0.009
0435.351	123	−0.031	3741.366	7130	+0.046
0780.296	854	+0.025			

Lichtkurve vielleicht veränderlich.

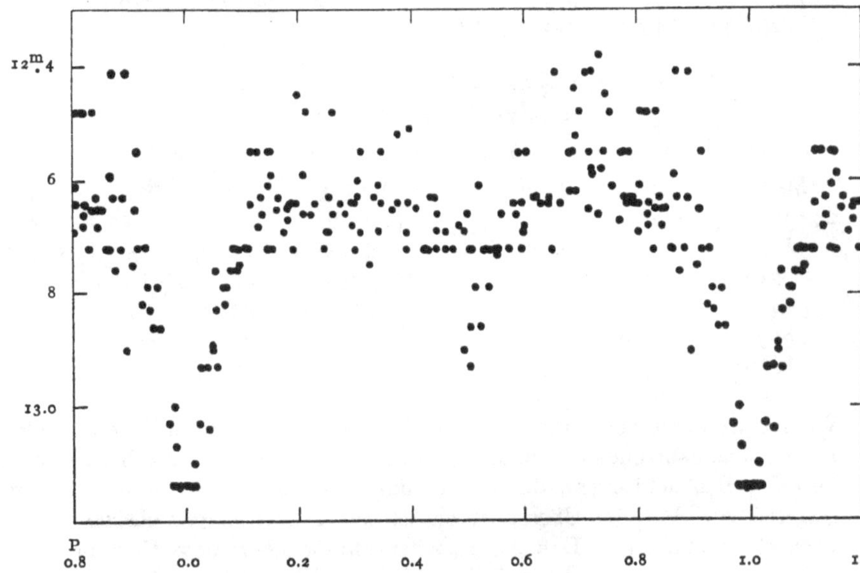

S 3755 Gem (visuelle Beobachtungen)

2452. S 3755 Gem β Lyrae-Stern; $12^{m}\!.6$—$13^{m}\!.1$.
$m_1 = 242\,7100.408 + 1^{d}\!.103\,2704 \cdot E$.
$A_1 = 0^{m}\!.5 \quad A_2 = 0^{m}\!.2$.

Min.		E	B–R	Min.		E	B–R
242 7100.373	phg.	0	−0ᵈ035	243 1469.382	phg.	3960	+0ᵈ023
7421.416	,,	291	−0.044	1470.432	,,	3961	−0.030
8074.559	,,	883	−0.037	1489.254	,,	3978	+0.036
8126.478	,,	930	+0.029	2944.421	,,	5297	−0.010
8210.329	,,	1006	+0.031	2965.395	vis.	5316	+0.002
8253.333	,,	1045	+0.007	2996.303	,,	5344	+0.018
8511.513	,,	1279	+0.022	2997.383	,,	5345	−0.005
9642.352	,,	2304	+0.009	2998.492	,,	5346	0.000
243 0382.602	,,	2975	−0.035	3360.364	,,	5674	0.000
0400.294	,,	2991	+0.004	3361.458	,,	5675	−0.010
0734.613	,,	3294	+0.032				

2453. S 3756 Gem Algolstern; $12^{m}\!.2$—$13^{m}\!.4$.
$m = 242\,7344.635 + 1^{d}\!.273392 \cdot E$.
$D = 4^{h}\!.6 \quad d = 0^{h}\!.0$.

Min.	Gr.	E	B–R	Min.	Gr.	E	B–R
242 7344.59	$12^m.7$	0	$-0^d.05$	243 0618.60	$12^m.7$	2571	$+0^d.07$
8126.48	13.4	614	–0.02	0780.30	12.9	2698	+0.05
8209.30	13.0	679	+0.03	1028.62	12.9	2893	+0.06
8480.48	13.2	892	–0.02	1470.43	13.2	3240	0.00
8494.55	12.6	903	+0.04	2174.53	12.6	3793	–0.08
9313.29	13.3	1546	–0.01	2229.42	12.8	3836	+0.05
243 0380.38	12.8	2384	–0.02	3356.35	12.9	4721	+0.03
0431.33	13.1	2424	–0.01				

2454. S 4017 Gem Halbregelmäßig; $12^m.2$—$13^m.4$.

$$M = \begin{cases} 242\,7751 + 119^d.9 \cdot E, & E = 0 \text{ bis } 13. \\ 243\,0351 + 113^d.7 \cdot (E-22), & E = 22 \text{ bis } 28. \end{cases}$$

Max.	E	B–R	Max.	E	B–R
242 7746	0	-5^d	242 9190	12	0^d
8120	3	+ 9	9305	13	–5
8218	4	–13	243 0353	22	+2
8475	6	+ 5	0465:	23	0
8594	7	+ 4	0690	25	–2
8830:	9	0	1035:	28	+2
8951	10	+ 1			

Vor 2427700 und nach 2431100 ist der Lichtwechsel im wesentlichen regellos. An der anzunehmenden Verbindungsstelle der beiden Formeln, bei 2429650, liegen 5 Beobachtungen, die zeigen, daß das Maximum $E = 16$ nicht eingetreten ist. Für die Übergangszeit ist daher auch unperiodischer Lichtwechsel anzunehmen. Daß die Epochenzählung über diese Unterbrechung hinweg erhalten bleibt, kann Zufall sein, ist aber immerhin beachtenswert.

2455. S 3757 Gem Mira-Stern; $12^m.3$—$16^m.7$.
$M = 242\,8544 + 244^d.4 \cdot E$.
$M - m = 125^d$.

Max.	E	B–R	Max.	E	B–R
242 8526	0	-18^d	243 1486	12	$+9^d$
9278	3	+ 1	2209	15	– 1
243 0267	7	+12	2933	18	–10
0756	9	+12	3668	21	– 8
0991	10	+ 3			

Form der Lichtkurve β_1.

2456. S 4018 Gem Algol-Stern; $14^m.9$—$15^m.6$.
Nur 2 Minima scheinen gesichert: 2430381.60 $15^m.6$, 1470.54 $15^m.3$.

2457. S 3758 Mon Mira-Stern; $11^m.7$—[$16^m.8$.
$M = 242\,8221 + 338^d \cdot E$.

Max.	E	B–R	Max.	E	B–R
242 8219	0	-2^d	243 0268:	6	$+19^d$
8560	1	+1	0600:	7	+13
9235	3	0	2945	14	– 8

Anfangs Februar 1951, 2433681—82, ist der Stern etwa $13^m.5$ im Abstieg beobachtet. Nach den Elementen lag das Maximum $E = 16$ bei 2433629. Der Veränderliche ist die südlich folgende Komponente eines Doppelsterns.

2458. 239.1943 **Mon** β Lyrae-Stern; $11^m.9$—$12^m.6$.
$m_1 = 242\,7344.621 + 0^d.779812 \cdot E.$
$A_1 = 0^m.7 \quad A_2 = 0^m.1.$

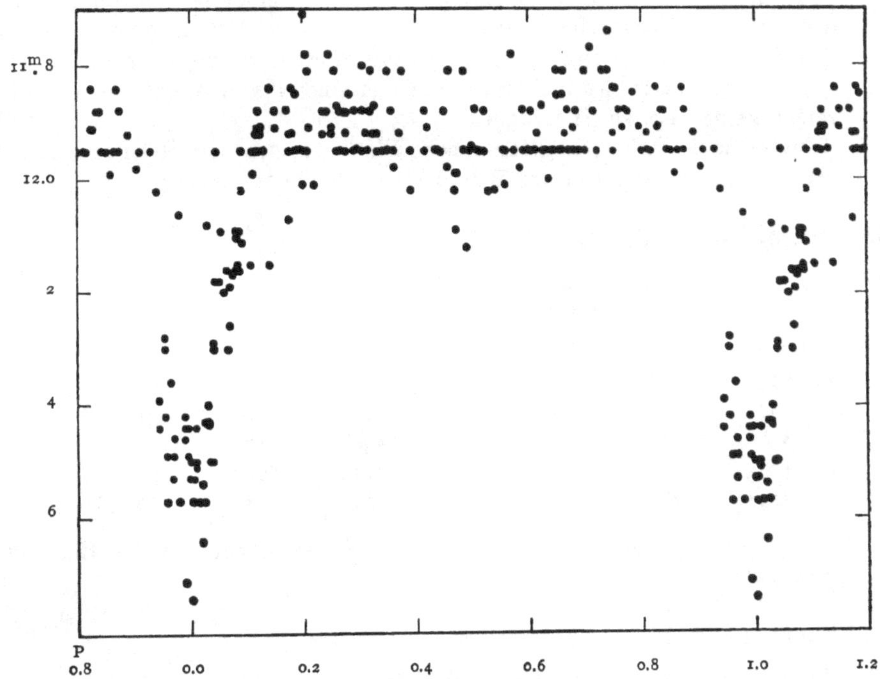

239.1943 Mon (visuelle Beobachtungen)

Min.	E	B—R	Min.	E	B—R
242 7344.593 phg.	0	$-0^d.028$	243 0380.384 phg.	3893	$-0^d.045$
7369.542 ,,	32	−0.033	0383.513 ,,	3897	−0.035
7416.423 ,,	92	+0.059	1435.552 ,,	5246	+0.037
8074.559 ,,	936	+0.034	1470.550 ,,	5291	−0.056
8213.285 ,,	1114	−0.047	2175.528 ,,	6195	−0.028
8245.327 ,,	1155	+0.023	2211.446 ,,	6241	+0.018
8428.610 ,,	1390	+0.050	2884.436 ,,	7104	+0.031
8453.563 ,,	1422	+0.049	2912.475 vis.	7140	−0.004
8542.453 ,,	1536	+0.041	2944.459 ,,	7181	+0.008
8835.662 ,,	1912	+0.040	2951.471 ,,	7190	+0.002
9168.592 ,,	2339	−0.009	2969.406 ,,	7213	+0.001
9193.533 ,,	2371	−0.022	2997.485 ,,	7249	+0.007
9229.480 ,,	2417	+0.053	3001.371 ,,	7254	−0.006
243 0326.647 ,,	3824	+0.025	3305.505 ,,	7644	+0.001
0372.573 ,,	3883	−0.058	3348.388 ,,	7699	−0.006
0376.528 ,,	3888	−0.002	3359.320 ,,	7713	+0.009

Die verstärkte Streuung der visuellen Beobachtungen beruht auf Ungunst der Vergleichsterne.

2459. **12.1934 Gem** RW Aurigae-ähnlich; $12^m.6-13^m.8$.

Der Lichtwechsel ist schwer zu beschreiben. Wellen zwischen 50^d und 100^d Länge und Stillstände bis zu 100^d sind beobachtet, daneben aber auch rasche Änderungen von $0^m.5$ in 1^d, so daß die Lichtkurve einen sehr unruhigen Eindruck macht. Der rasche Lichtwechsel herrscht jedoch nicht so vor, daß man den Veränderlichen unter die typischen RW Aurigae-Sterne einordnen dürfte. Die wenigen Fälle, wo mehrere Platten in einer Nacht aufgenommen sind, zeigen keine raschen Änderungen.
Schwach und stark orthochromatische Platten zeigen den Stern angenähert gleichhell, dagegen ist er auf Blauplatten um $0^m.4$ schwächer.

2460. **475.1934 Gem** Mira-Stern; $12^m.7-16^m.7$.

$$M = 242\,7086 + 247^d \cdot E.$$
$$M - m = 100^d{:}.$$

Max.	E	$B-R$	Max.	E	$B-R$
242 7090	0	$+4^d$	243 0782	15	-9^d
8085	4	+11	1029	16	−9
8566	6	−2	1530	18	−2
9303	9	−6	3015:	24	+1
243 0298:	13	+1	3267:	25	+6

Form der Lichtkurve α_3. Keine starken Schwankungen in der Höhe der Maxima.

2461. **S 3759 Mon** RW Aurigae-ähnlich; $13^m.4-15^m.0$.

Wellen großer Amplitude von 100^d bis 150^d Länge werden zeitweilig durch rasche Schwankungen kleiner Amplitude und einer Wellenlänge von einigen Tagen überlagert. Eine dichte Teilreihe von 13 Beobachtungen zwischen 2430368 und 0384 ergibt bei einer Amplitude von $0^m.5$ drei Maxima mit den Zwischenzeiten 4^d und 7^d. Dieser Befund scheint auch für die anderen sekundären Schwankungen typisch zu sein. Der Veränderliche ist nicht merklich gefärbt; er ist wahrscheinlich etwas blauer als die Vergleichsterne.

2462. **S 4019 Gem** Algol-Stern; $15^m.1-15^m.5$.

Der Stern ist schwierig, da in Anbetracht der kleinen Amplitude zu schwach für die meisten Platten. Folgende Minima dürften sicher sein: 2431143.42 $15^m.5$, 1470.54 $15^m.4$; 1555.37 $15^m.35$.

2463. **EV Mon** (88.1933) Mira-Stern; $11^m.5-16^m.5$.

$$M = 242\,7012 + 402^d.5 \cdot E.$$

Max.	E	$B-R$	Max.	E	$B-R$
242 6277	−2	$+70^d$	243 0620	9	-14^d
6622	−1	+12	1055	10	+18

Max.	E	$B-R$	Max.	E	$B-R$
7050:	0	$+38^{\mathrm{d}}$	1430	11	-10^{d}
7396	1	−18	1880:	12	+38
8220	3	0	2245	13	0
8650:	4	+28			

Die Höhe der Maxima schwankt zwischen $11^{\mathrm{m}}.5$ und $12^{\mathrm{m}}.8$. Die Maxima sind mäßig spitz, und es hat daher den Anschein, daß die Periode nicht gut eingehalten wird. Die ersten beiden Epochen sind von Jensch (AN **256**.276, 88.1933 Mon) übernommen. Die starke Abweichung am Anfang dürfte vielleicht der Unsicherheit der Epoche zur Last zu legen sein.

2464. **S 3760 Gem** μ Cephei-Stern; $11^{\mathrm{m}}.9$—$13^{\mathrm{m}}.3$.

Der Lichtwechsel ist gekennzeichnet durch Wellen von 100^{d} bis 140^{d} Länge bei stark verschiedener Amplitude. Zeitweilig zeigt sich starke Abflachung, wobei die Kurve um eine mittlere Helligkeit bei $12^{\mathrm{m}}.5$ verläuft. Andererseits wird auch in Einzelwellen die maximale Amplitude erreicht. Im Ganzen ist der Lichtwechsel wohl als regellos anzusehen. Der Stern ist nur schwach gefärbt.

2465. **S 4020 Mon** β Lyrae-Stern; $14^{\mathrm{m}}.1$—$14^{\mathrm{m}}.6$.

Die Periode liegt wahrscheinlich sehr nahe bei $1^{\mathrm{d}}.20$, doch gelang es aus bekannten Gründen nicht, eine zweckmäßige Formel abzuleiten. Folgende Minima werden auf Grund einer Revision der Beobachtungen für sicher gehalten: 2430377.36, 0618.60, 1031.52, 1145.51, 1362.59, 1470.54, 2171.48, 2911.46, 3682.27.

2466. **240.1943 Mon** μ Cephei-Stern; $12^{\mathrm{m}}.6$—$13^{\mathrm{m}}.9$.

Im allgemeinen treten nur lange Wellen verschiedener Amplitude ohne erkennbare Regelmäßigkeit auf. Die rascheste Änderung ist ein Aufstieg von $0^{\mathrm{m}}.6$ in 30^{d}. Stillstände sind nicht charakteristisch, wenn auch manchmal die Kurve sehr abgeflacht ist. Der Stern ist auf Blauplatten um $0^{\mathrm{m}}.9$ schwächer als auf schwach orthochromatischen Platten, ist also stark rot.

2467. **241.1943 Gem** Unregelmäßig; $12^{\mathrm{m}}.4$—$14^{\mathrm{m}}.6$.

Die Lichtkurve verläuft sehr unruhig; es kommen lange und kurze Maxima, flache Wellen, steile und flache Auf- und Abstiege vor. Die Amplituden der einzelnen Wellen sind sehr wechselnd, von kleinen Werten bis zum maximalen Umfang. Die raschesten Änderungen betragen 1 Größenklasse in 10^{d}. Der Veränderliche macht damit ganz den Eindruck eines langsamen RW Aurigae-Sterns und gehört mit großer Wahrscheinlichkeit in die formenreiche Gruppe der Hauptreihen-Veränderlichen, die von anderen Autoren als Nebelveränderliche, Orion-Sterne oder Novaähnliche bezeichnet worden sind (Vgl. meinen Aufsatz AN **278**.24, insbesondere die Schlußbetrachtungen S. 39, wo ähnliche Fälle erwähnt sind). Der Veränderliche ist wahrscheinlich etwas stärker gefärbt als die Vergleichsterne.

2468. 242.1943 Gem RR Lyrae-Stern; $12^{m}.4$—$13^{m}.8$.

$$M = 243\,0346.638 + 0^{d}.433\,2653 \cdot E.$$
$$M - m = 0^{d}.037 \quad \text{Typus RRa.}$$

Max.		E	B–R	Max.		E	B–R
243 0346.619	phg.	0	$-0^{d}.019$	243 2952.299	vis.	6014	$+0^{d}.003$
0349.677	,,	7	+0.006	2965.277	,,	6044	−0.016
0374.359	,,	64	−0.008	2967.462	,,	6049	+0.002
0376.528	,,	69	−0.005	2968.320	,,	6051	−0.006
0382.602	,,	83	+0.003	2970.491	,,	6056	−0.002
0409.487	,,	145	+0.026	2996.484	,,	6116	−0.005
0412.518	,,	152	+0.024	2997.355	,,	6118	0.000
0619.597	,,	630	+0.002	3000.389	,,	6125	+0.001
0780.296	,,	1001	−0.041	3003.421	,,	6132	0.000
0790.311	,,	1024	+0.009	3006.455	,,	6139	+0.001
1008.629	,,	1528	−0.038	3023.350	,,	6178	−0.001
1143.424	,,	1839	+0.011	3164.598	,,	6504	+0.002
1461.441	,,	2573	+0.011	3239.540	,,	6677	−0.010
2211.446	,,	4304	+0.034	3246.482	,,	6693	−0.001
2889.497	vis.	5869	+0.025	3305.398	,,	6829	−0.009
2912.436	,,	5922	+0.001	3331.400	,,	6889	−0.003
2913.293	,,	5924	−0.009	3348.301	,,	6928	+0.001
2942.342	,,	5991	+0.012	3356.534	,,	6947	+0.002
2945.377	phg.	5998	+0.014	3360.429	vis.	6956	−0.002
2946.250	,,	6000	+0.020	3682.354	phg.	7699	+0.006
2951.433	,,	6012	+0.004				

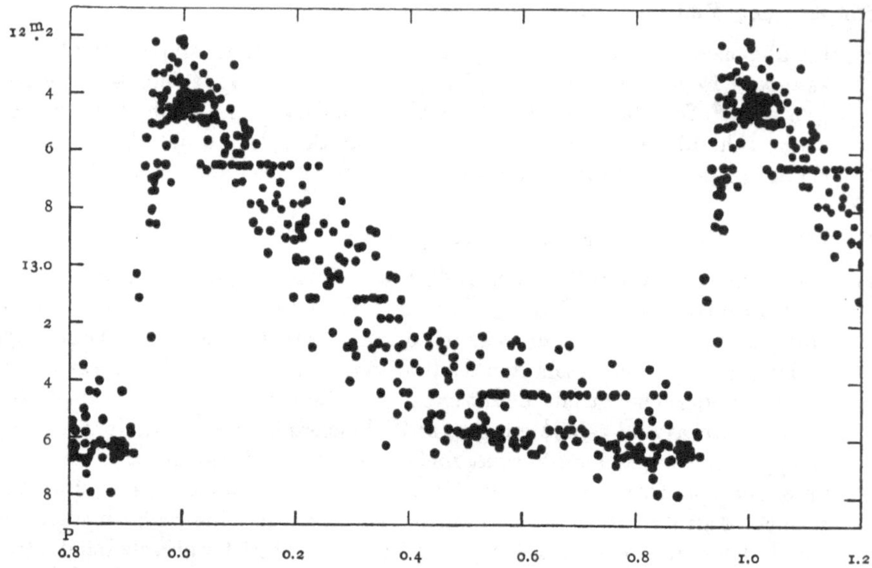

242.1943 Gem (visuelle Beobachtungen)

Bemerkenswert ist der sehr steile Aufstieg. Die Streuung der Beobachtungen ist mindestens zum Teil auf Ungenauigkeit zurückzuführen, da der Stern für den 200 mm-Refraktor bereits recht schwach ist.

2469. **243.1943 Gem** Mira-Stern; $12^{\mathrm{m}}.6$—[$16^{\mathrm{m}}.9$.

$M = 243\,0507 + 285^{\mathrm{d}} \cdot E.$

Max.	E	$B-R$	Max.	E	$B-R$
243 0510:	0	$+3^{\mathrm{d}}$	243 1930:	5	-2^{d}
0790	1	−2	2220	6	+3
1077:	2	0	3356:	10	−1
1361	3	−1			

Minimum wenig unter $17^{\mathrm{m}}.0$. Form der Lichtkurve β_2.

2470. **244.1943 Mon** Mira-Stern; $14^{\mathrm{m}}.5$—[$17^{\mathrm{m}}.2$.

$M = 243\,0432 + 256^{\mathrm{d}} \cdot E.$

Max.	E	$B-R$	Max.	E	$B-R$
243 0432	0	0^{d}	243 1950:	6	-18^{d}
0685	1	− 3	2200:	7	−24
1215:	3	+15	3248:	11	0
1465	4	+ 9			

Die Maxima sind anscheinend spitz und symmetrisch.

2471. **245.1943 Gem** μ Cephei-Art; $12^{\mathrm{m}}.4$—$13^{\mathrm{m}}.1$.

Der Lichtwechsel ist wohl als ganz regellos zu bezeichnen. Die raschesten Änderungen umfassen etwa $0^{\mathrm{m}}.5$ in 30^{d}; Abflachungen der Kurve bis zur Dauer von 100^{d} sind beobachtet. Der Stern ist nur schwach gefärbt und wäre vielleicht der UV Bootis-Gruppe zuzurechnen.

2472. **S 3761 Gem** Algol-Stern; $13^{\mathrm{m}}.1$—$14^{\mathrm{m}}.0$.

$m = 243\,0375.535 + 1^{\mathrm{d}}.35967 \cdot E.$
$D = 4^{\mathrm{h}}:\quad d = 0^{\mathrm{h}}.$

Min.	E	$B-R$	Min.	E	$B-R$
243 0349.68	−19	$-0^{\mathrm{d}}.02$	243 1029.51	481	$-0^{\mathrm{d}}.03$
0375.58	0	+0.04	1362.59	726	−0.07
0409.49	25	−0.04	1441.53	784	+0.01
0431.33	41	+0.05	1449.65	790	−0.02
0435.35	44	−0.01	1913.35	1131	+0.03

2473. **246.1943 Gem** μ Cephei-Art; $13^{\mathrm{m}}.4$—$14^{\mathrm{m}}.5$.

Von 2430200 bis 1100 wird der Lichtwechsel von einer Welle von etwa 130^{d} beherrscht, die auch weiterhin nachweisbar ist, jedoch geringere Amplituden aufweist und wohl zeitweilig fast verschwindet. Strenge Periodizität besteht auch am Anfang nicht. Der Stern ist nur schwach gefärbt.

2474. 247.1943 Gem μ Cephei-Art; $11^m.5$—$12^m.4$.
Die flachen Wellen haben vielfach nur Amplituden von $0^m.4$. Eine Periode von etwa 165^d ist über die ganze Reihe angedeutet, ohne aber eine Darstellung der Maxima zu ermöglichen. Eigentliche Stillstände längerer Dauer fehlen. An keiner Stelle ist rascher Lichtwechsel angedeutet. Der Stern ist auf Blauplatten etwa $0^m.35$ schwächer als auf den normalen schwach orthochromatischen Platten.

2475. S 3762 CMi Algol-Stern; $13^m.4$—$15^m.9$.
$m = 243\,0349.52 + 4^d.07142 \cdot E.$
$D = 10^h.5 \quad d = 0^h.0.$

Min.	Gr.	E	B–R	Min.	Gr.	E	B–R
243 0349.68	$14^m.4$	0	$+0^d.14$	243 1200.37	$15^m.2$	209	$-0^d.08$
0463.37	14.9	28	−0.15	1204.38	14.1	210	−0.14
1029.51	[14.9	167	+0.06	2173.52	[14.5	448	0.00
1143.42	15.9	195	−0.03				

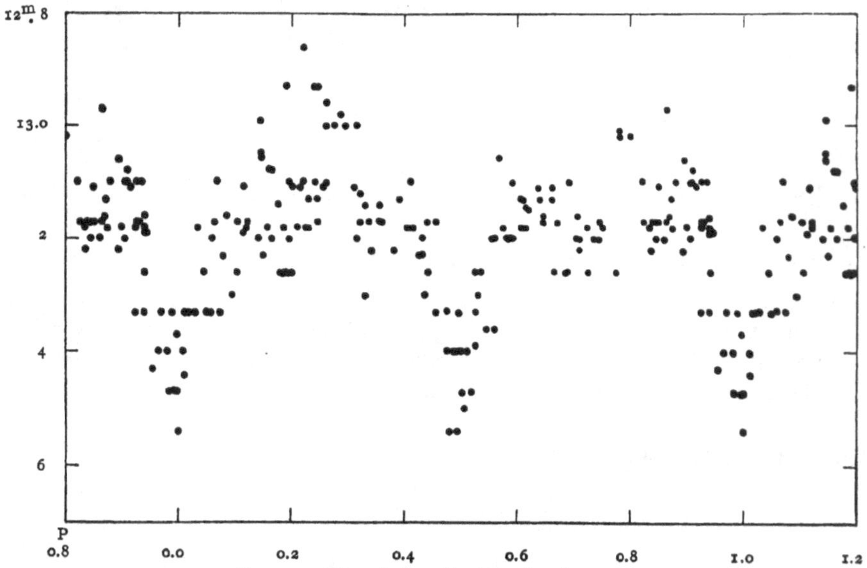

248.1943 Gem (visuelle Beobachtungen)

2476. 248.1943 Gem β Lyrae-Stern; $13^m.1$—$13^m.5$.
$m_1 = 243\,0327.695 + 1^d.594736 \cdot E.$
$A_1 = 0^m.4 \quad A_2 = 0^m.4.$

Min.	2 E	B–R	Min.	2 E	B–R
243 0327.667 phg.	0	$-0^d.028$	243 2965.382 vis.	3308	$-0^d.006$
0368.365 ,,	51	+0.004	2968.580 ,,	3312	+0.002
0383.513 ,,	70	+0.002	2969.385 ,,	3313	+0.010
0400.294 ,,	91	+0.039	2996.488 ,,	3347	+0.002
0431.328 ,,	130	−0.025	3004.440 ,,	3357	−0.019
0435.351 ,,	135	+0.011	3024.385 ,,	3382	−0.009

Min.		2 E	B–R	Min.		2 E	B–R
243 0698.451	vis.	465	$-0^d.020$	243 3028.390	vis.	3387	$+0^d.010$
0705.645	,,	474	−0.002	3302.608	phg.	3731	−0.067
2229.419	,,	2385	+0.001	3331.380	vis.	3767	0.000

Die Streuung der in der Lichtkurve dargestellten 190 visuellen Beobachtungen ist im wesentlichen durch die Schwäche des Sterns verursacht.

2477. S 3763 Gem RR Lyrae-Stern; $13^m.6-14^m.6$.
$M = 243\,0326.56 + 0^d.570570 \cdot E$.
$M - m = 0^d.11$ Typus RRa.

Max.	E	B–R	Max.	E	B–R
243 0326.647	0	$+0^d.057$	243 1353.581	1800	$-0^d.035$
0346.619	35	+0.059	1461.441	1989	−0.013
0369.433	75	+0.050	1913.350	2781	+0.005
0377.363	89	−0.008	3356.353	5310	+0.036
0378.531	91	+0.019	3740.368	5983	+0.058
0382.602	98	+0.096			

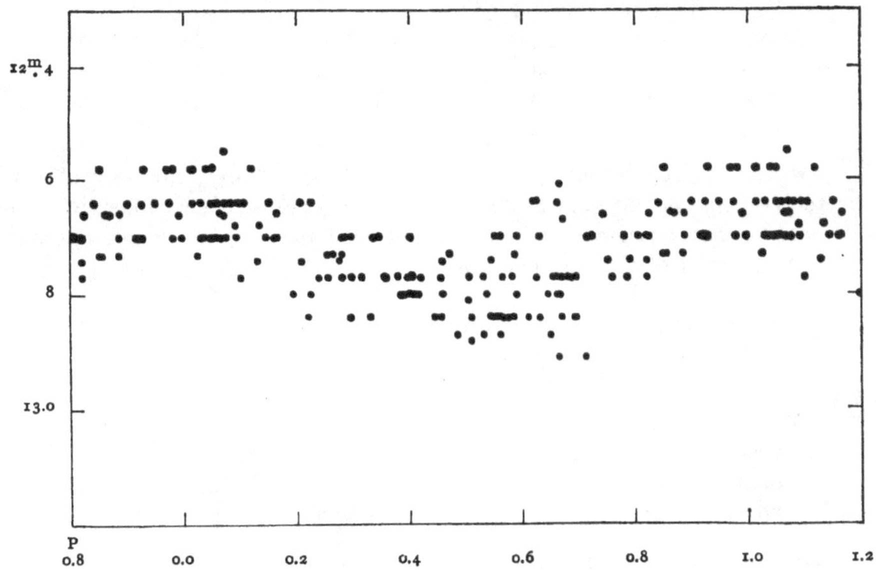

249.1943 CMi (visuelle Beobachtung)

2478. 249.1943 CMi Raschwechselnd; $12^m.64-12^m.82$.
$M = 243\,0267.663 + 0^d.345\,845 \cdot E$.
$M - m = 0^d.17$.

Max.	E	B–R	Max.	E	B–R
243 2888.45	7578	$-0^d.03$	243 2970.45	7815	$+0^d.01$
2889.52	7581	+0.01	2996.36	7890	−0.02
2911.33	7644	+0.03	2997.40	7893	−0.02
2912.35	7647	+0.01	2998.46	7896	0.00
2968.35	7809	−0.02	3003.30	7910	0.00
2969.42	7812	+0.02	3023.35	7968	−0.01

Unter Benutzung von 23 photographisch beobachteten Maxima gelang die Darstellung über die ganze Reihe. Da die photographischen Epochen meist auf einzelnen Platten beruhen und daher sehr unscharf sind, beschränke ich mich auf die Angabe der visuell beobachteten Maxima. Vier photographische Beobachtungen 1951 Feb. 4, 243 3682.271 bis .401 zeigen den Veränderlichen im Abstieg zum Minimum und liegen nach den Elementen zwischen den Phasen 0.232 und 0.608. Die Lichtkurve ist nach 163 visuellen Beobachtungen dargestellt; keine Beobachtung wurde ausgeschlossen. Die photographischen Beobachtungen zeigen keine grundsätzlichen Widersprüche, weisen aber größere Streuung auf und hätten allein kaum zur richtigen Deutung des Lichtwechsels ausgereicht. Eine Entscheidung darüber, ob der Veränderliche ein W Ursae majoris-Stern oder ein RR Lyrae-Stern, Unterklasse c, ist, lassen die Beobachtungen nicht zu, wenn auch die Breite des Minimums für die zweite Möglichkeit spricht.

2479. **AT Gem** Halbregelmäßig; $12^{\mathrm{m}}.3$—$13^{\mathrm{m}}.4$.

Von 242 7000 bis 243 0800 gelten folgende Elemente:

$$M = 242\,7060 + 740^{\mathrm{d}} \cdot E.$$

Max.	E	$B-R$	Max.	E	$B-R$
242 7100	0	$+40^{\mathrm{d}}$	242 9240	3	-40^{d}
7755	1	-45	243 0800	5	$+40$
8550	2	$+10$			

Zwischen 242 0300 und 0800 ist die Amplitude indessen nur noch $0^{\mathrm{m}}.3$, und in der Folgezeit bis zum Ende der Reihe bei 3350 ist die Periode nicht mehr nachweisbar; anscheinend finden hier nur noch regellose langsame Änderungen mit maximal $0^{\mathrm{m}}.5$ Amplitude statt.

2480. **UY Gem** Mira-Stern; $12^{\mathrm{m}}.2$—$15^{\mathrm{m}}.3$.

$$M = 243\,0364 + 326^{\mathrm{d}}.4 \cdot E.$$
$$M - m = 130^{\mathrm{d}}.$$

Max.	Gr.	E	$B-R$	Max.	Gr.	E	$B-R$
243 0360	$13^{\mathrm{m}}.0$	0	-4^{d}	243 1345	$12^{\mathrm{m}}.7$	3	$+2^{\mathrm{d}}$
0695	12.2	1	$+5$	3000:	—	8	$+25$
1013	12.7	2	-4	3302	12.4	9	0

Form der Lichtkurve α 4.

2481. **302.1934 Gem** μ Cephei-Stern; $10^{\mathrm{m}}.4$—$10^{\mathrm{m}}.9$.

Die von 242 7100 bis 9750 reichende Reihe der Platten des 140 mm-Triplets zeigt regellose Wellen mit kleiner Amplitude neben Stillständen von mehr als 100^{d} Dauer. Die späteren Aufnahmen an den größeren Objektiven ergeben keinen sicheren Lichtwechsel; die Streuung beträgt $0^{\mathrm{m}}.2$ am 170 mm-Triplet, $0^{\mathrm{m}}.3$ am 400 mm-Vierlinser. Der Stern ist rötlich.

2482. **50.1934 Gem** RW Aurigae-ähnlich; $13^{\mathrm{m}}.9$—$14^{\mathrm{m}}.6$.

Der Stern war schwierig zu bearbeiten; er wurde erst als μ Cephei-, dann als δ Cephei-Stern behandelt, jedoch ohne endgültigen Erfolg. Der Eindruck ist zunächst der eines Unperiodischen mit langen Wellen. Jedoch sind offenbar reelle rasche Schwankungen überlagert. Eine dichte Teilreihe von 13 Beobachtungen innerhalb von 16 Tagen ergibt eine δ Cephei-Kurve mit $P\sim 8^d.7$ und $0^m.4$ Amplitude. Teilreihen der Beobachtungen des 140 mm-Triplets zwischen 2427100 und 9700 deuten dagegen auf Perioden bei $6^d.0$ hin. Auch beobachtete Zwischenzeiten der Maxima ($5^d.1$, $6^d.0$, $6^d.1$, $11^d.0$) weisen in diese Richtung. Jedoch gelang mit keiner Periode eine Darstellung auch nur über kürzere Zeitabschnitte. Von 2430600 bis 1400 zeigen die Platten überhaupt nur Schwankungen um $0^m.2$. Photometrisch entspricht der Stern offenbar der Y Leporis-Variante des RW Aurigae-Typus; er ist jedoch nicht merklich gefärbt. Die im Frühjahr 1951 erlangten zusätzlichen Reihenaufnahmen bestätigen den dargestellten Befund; sehr rasche Änderungen innerhalb einiger Stunden sind nicht erkennbar.

2483. **SVS 1030 Gem** δ Cephei-ähnlich; $13^m.2$—$13^m.8$.

Aus 20 meist wenig sicheren Maxima von 2427340 bis 2431441 wurden die Elemente bestimmt:

$$M = 242\,7340.59 + 5^d.27792 \cdot E.$$

Der Lichtwechsel des Sterns ist jedoch nicht regelmäßig. Die Periode ist wirksam von 2430267 bis 0409 und von 0698 bis 1470. In beiden Abschnitten ist die Amplitude nicht größer als $0^m.2$. Dagegen ist von 2431911 bis 3356 überhaupt kein Lichtwechsel festzustellen bei nur geringer Streuung und Verteilung der 25 Beobachtungen über alle Phasen. Auch in dem frühen Abschnitt der Beobachtungen von 2427098 ab scheinen, bei gelegentlicher Wirksamkeit der Periode, die Unregelmäßigkeiten vorzuherrschen. Dasselbe gilt von den von N. E. Kurotschkin mitgeteilten 22 Beobachtungen (Akad. d. W. d. UdSSR Ver. Sterne 6.94, 1948), die eine Amplitude von $1^m.0$ zeigen. Dagegen werden die 13 Sonneberger Beobachtungen, 2433681 bis 3742, obgleich bei der Ableitung der Elemente nicht benutzt, vollkommen dargestellt, jedoch nunmehr mit einer Amplitude von $0^m.6$, wie sie auf den früheren Sonneberger Platten nie beobachtet wurde. Der Veränderliche ist etwas gelber als die Vergleichsterne. Er ist als Variante des RW Aurigae-Typus anzusehen.

2484. **SVS 1025 Mon** Unveränderlich; $9^m.8$.

Der Stern wurde auf 181 Platten beobachtet und zeigte nur eine Streuung von $\pm 0^m.1$ um die mittlere Helligkeit mit einer einzigen Ausnahme: eine Beobachtung 2428623.33 ergibt eine Schwächung um $0^m.25$, die für reell zu halten wäre, wenn die Veränderlichkeit des Sterns anderweitig gesichert wäre, in Anbetracht des sonstigen Befundes aber wohl noch als Streuung erklärt werden kann.

2485. **2.1934 Mon** Unveränderlich; $10^m.7$.

Der Entdecker (AN **251**.313) vermutete Algoleigenschaft, bezeichnete den Fall aber als zweifelhaft. Die vorliegenden 181 Beobachtungen zeigen keine Veränderlichkeit.

Feld Puppis (7^h30^m—14°).

P. AHNERT, H. HUTH

Der hohe Prozentsatz unerledigter Sterne in diesem Feld hat seine Ursache vor allem in den ungünstigen Aufnahmebedingungen. Diese Gegend kann nur im Winter und wegen ihrer südlichen Lage nur in der Nähe des Meridians aufgenommen werden. Der Winter ist aber in den deutschen Mittelgebirgen gerade die klimatisch ungünstigste Zeit, in manchen Jahren sind klare Winternächte eine Seltenheit. Dazu kommt, daß in zweifelhaften und dunstigen Nächten dieses horizontnahe Feld zugunsten höher stehender Gegenden zurückgestellt wurde, so daß im Laufe von 24 Jahren (1928—1951) nur 131 Platten anfielen. Von einigen Wintern sind gar keine, von anderen nur vereinzelte, zeitlich weit getrennte Aufnahmen vorhanden, und auch die wenigen dichteren Gruppen von Aufnahmen überdecken immer nur kurze Zeiträume. — Zu den unerledigten Sternen (s. Tabelle S. 5) sind auch diejenigen gezählt worden, deren Lichtwechsel auf den vorhandenen Aufnahmen erschöpfend beschrieben werden konnte, bei denen aber eben wegen der Lückenhaftigkeit dieses Materials noch ein Zweifel über ihre Zuordnung bestehen blieb.

Die Helligkeiten wurden auf den schwach orthochromatischen Platten Kranz-Ultra bestimmt, die mit dem 17 cm-Triplet aufgenommen worden sind und die etwa 3/4 des gesamten Aufnahmematerials bilden. Soweit eine systematische Abweichung der Helligkeiten auf den blauempfindlichen MATTER-Sternplatten und Agfa-Astroplatten festzustellen war, ist es im Text bemerkt.

Für die Sterne, bei denen im Text bemerkt ist, daß sie nur auf den Platten des 40 cm-Astrographen (MATTER-Sternplatte) beobachtet werden konnten, sind nur photographische (Blau-)Helligkeiten gegeben.

2486. 166.1931 CMa RW Aurigae-Art ? $11^m\!.2$—$14^m\!.6$.

Die beobachteten Helligkeiten streuen ziemlich gleichmäßig über den ganzen Bereich der Amplitude. Die Helligkeitsänderungen erfolgen rasch und anscheinend regellos. Wegen der großen Amplitude besteht Verdacht auf RW Aur-Charakter.

2487. 108.1943 CMa μ Cephei-Stern; $12^m\!.6$—$14^m\!.1$.

Der Veränderliche zeigt einen lebhaften, aber unregelmäßigen Lichtwechsel. Neben kurzen Einzelwellen von etwa 75^d Länge stehen andere von 100^d bis 150^d. Die Helligkeitsanstiege sind meist steil (bis zu $0^m\!.5$ in 20^d), die Abstiege können rasch, aber zeitweilig auch sehr langsam erfolgen (bis zu $0^m\!.2$ in 70^d).

2488. 109.1943 CMa Bedeckungsveränderlicher ? $14^m\!.8$—[$15^m\!.4$.

Von diesem Stern wurde nur eine Schwächung beobachtet:

243 0070.377 [$15^m\!.4$.

Das Normallicht dieses Sterns ist auf blauempfindlichen Platten $0^m\!.5$ geringer ($15^m\!.3$).

2489. **S 4061 CMa** Halbperiodisch; $11^m_{.}9-13^m_{.}4$.

Max.	Gr.	*E*	*B–R*
242 8200	$12^m_{.}0$	0	0^d
9620	12.4	4	0
9985	12.1	5	+10
243 0320	12.0	6	–10
0685	11.9	7	0

Diese Maxima lassen sich durch die Elemente

$$M = 242\,8200 + 355^d \cdot E$$

darstellen. Von 243 1000 bis 243 3000 zeigen einzelne Beobachtungen den Stern in nahezu gleicher Helligkeit; sie stehen jedoch nicht im Widerspruch mit den Elementen. Vor 242 7000 scheint die Periodizität stark gestört zu sein. Die Lichtkurve ist durchweg stark veränderlich. Auf Blauplatten ist der Stern durchschnittlich um $0^m_{.}5$ schwächer.

2490. **S 4062 CMa** Z Aquarii-Stern; $12^m_{.}3-14^m_{.}0$.

$$M = 242\,6429 + 252^d_{.}8 \cdot E.$$

Max.	Gr.	*E*	*B–R*
242 6420	$12^m_{.}3$	0	$-\ 9^d$
6690	12.3	1	+ 8
8200	12.8	7	+ 1
9670	12.2	13	–45
9965	12.4	14	– 3
243 0265	12.3	15	+44
1490	12.9	20	+ 5

2491. **110.1943 CMa** Unveränderlich; $15^m_{.}1$.
Die Beobachtungen streuen unregelmäßig um $15^m_{.}1$ auf den orthochromatischen und um $15^m_{.}2$ auf den blauempfindlichen Platten. Die durchschnittliche Streuung beträgt $\pm 0^m_{.}1$.

2492. **111.1943 CMa** Halbperiodisch; $14^m_{.}2-15^m_{.}4$.
Von 242 5300 bis 242 7500 läßt sich der Lichtwechsel mit einer Periode von 350^d darstellen (Maximum $14^m_{.}3$ bei 242 6715), nach 242 8000 muß dagegen eine Periode von 400^d angenommen werden (Minimum 242 9610, Maximum 242 9750). Die Maxima sind sehr flach.

2493. **112.1943 CMa** Unregelmäßig; $12^m_{.}8-13^m_{.}6$.
Die Helligkeitsänderungen vollziehen sich sehr langsam. Einige Male treten auch kürzere Wellen ($100-200^d$) auf. Auffallend ist die auf Platten der 17 cm-Kamera auftretende Streuung von $0^m_{.}5$ um 242 9600—700 und 243 0025, die den Eindruck eines sprunghaften Lichtwechsels hervorruft. Auf den Platten des 40 cm-Astrographen verläuft der Lichtwechsel stets langsam und glatt. Es besteht kein Helligkeitsunterschied auf gelb- und blauempfindlichen Platten.

2494. **113.1943 CMa** Algol-Stern; $14^{m}.0-15^{m}.9$.

$m = 242\,6391.368 + 2^{d}.725258 \cdot E.$

$D = 11^{h}.1.$

Min.	Gr.	E	$B-R$
242 6391.378	$15^{m}.9$	0	$+0^{d}.010$
6636.609	15.5	90	−0.032
8247.319	15.9	681	+0.050
243 0070.397	15.4	1350	−0.069
0326.630	15.6	1444	−0.011
0378.473	15.25	1463	+0.053

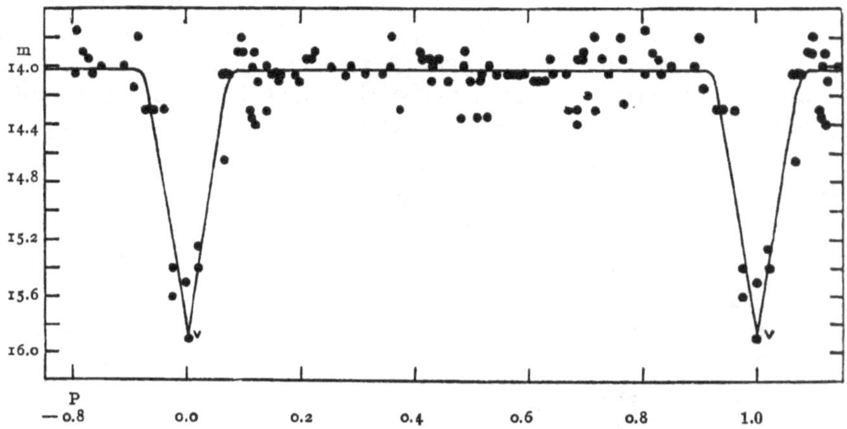

113.1943 Canis majoris

2495. **BW CMa** RR Lyrae-Stern; $12^{m}.9-14^{m}.5$.

A. v. HOOF (Louvain Publ. XI, 106) gibt für diesen Stern folgende Elemente:

$$M = 242\,8060.743 + 0^{d}.526\,8024 \cdot E.$$

2496. **167.1931 CMa** μ Cephei-Stern; $12^{m}.5-13^{m}.7$.

Der Lichtwechsel erfolgt langsam in Wellen von 100 bis etwa 200 Tagen. Die Amplituden der einzelnen Wellen können $0^{m}.8$ erreichen, sind aber meist $0^{m}.5$. Die Lichtkurve ist ganz unregelmäßig, mit gelegentlichen Stillständen im Auf- und Abstieg, zeitweise bleibt die Helligkeitsänderung monatelang $<0^{m}.1$. Der Gesamtumfang des Lichtwechsels auf unsensibilisierten Platten (seit 242 9229) ist $13^{m}.4-14^{m}.2$.

2497. **RR CMa** Algol-Stern; $12^{m}.5-14^{m}.6$.

Für diesen Stern wurden von MC LEOD (Harv. Bull. 901, 1935) die Elemente

$$m = 242\,5704.240 + 1^{d}.196264 \cdot E$$

abgeleitet, die mit den Sonneberger Beobachtungen die $B-R_1$ ergeben. Eine bessere Darstellung der fast 6000 Perioden umfassenden Sonneberger Reihe liefern die Elemente:

$$m = 242\,5704.282 + 1^{d}.196242 \cdot E,$$

die die $B-R_2$ geben.

Min.	Gr.	E	$B-R_1$	$B-R_2$	
242 6765.343	$14^{m}.0$	887	$+0^{d}.017$	$-0^{d}.006$	
7424.507	13.6	1438	+0.039	+0.029	
8210.360	13.3	2095	−0.053	−0.049	
8594.396	13.95	2416	−0.018	−0.007	
9229.570	13.2	2947	−0.060	−0.037	
9691.384	13.8	3333	−0.004	+0.027	
243 0326.564	14.3	3864	−0.040	+0.003	
0704.589	13.8	4180	−0.035	+0.015	
0734.526	13.7	4205	−0.004	+0.046	
1448.586	13.6:	4802	−0.114	−0.050	
3630.569	14.6	6626	−0.116	−0.012	
3690.41	14.7	6676	−0.088	+0.016	
3708.358	14.2	6691	−0.084	+0.021	
2 9634.595	12.95	3285.5	+0.030	+060	Nebenminima
2 9640.506	13.05	3290.5	−0.040	−010	

2498. 115.1943 CMa Bedeckungsveränderlicher; $14^{m}.0$—$15^{m}.1$.

Es wurden folgende Schwächungen festgestellt:

Min.	Gr.	Min.	Gr.
242 5623.534	$14^{m}.85$:	242 8949.399	$15^{m}.1$
6692.503	15.15	243 0326.564	14.85
6743.448	15.15	0369.405	14.95
8496.595	15.0	0377.435	14.85:

2499. HW Mon Unbekannt; $15^{m}.4$—[$16^{m}.5$.

Ross (Stern 145) gibt die Helligkeitsgrenzen 11^{m} und [17^{m}. Der Stern ist nur auf 12 Platten des 40 cm-Astrographen sichtbar, aber nie heller als $15^{m}.4$. Über die Art des Lichtwechsels kann nichts gesagt werden.

2500. 116.1943 CMa Algol-Stern; $13^{m}.1$—$14^{m}.5$.

Der Stern zeigt die folgenden Schwächungen:

Min.	Gr.	Min.	Gr.
242 5925.668	$14^{m}.55$	243 0070.377	$13^{m}.95$
6420.333	14.55	0327.610	13.55
8250.317	14.5	0378.473	13.85
8267.327	13.6:	0734.526	14.05
9619.629	13.6	1090.476	13.95
9697.415	14.25	1144.402	13.75

2501. **168.1931 CMa** Mira-Stern; $13^m\!.6$—[17^m.

Der Stern ist nur auf wenigen Platten sicher zu beobachten. Er hat einen Begleiter $15^m\!.8$, Distanz 10″, Positionswinkel 130°. Es konnten 4 Maxima bestimmt werden:

Max.	Gr.	*E*	*B–R*
242 5300	$14^m\!.4$	0	$+ 4^d$
6692	13.6	3.	− 8
8120	13.8	6	+16
9965	15.2[1])	10	−11

Die *B–R* sind gerechnet mit den Elementen:

$$M = 242\,5296 + 468^d \cdot E.$$

2502. **117.1943 CMa** μ Cephei-Stern; $13^m\!.0$—$14^m\!.3$.

Der Stern zeigt meist langsame Helligkeitsänderungen, die, soweit es die kurzen Teilreihen erkennen lassen, in unperiodischen Wellen von über 150^d Länge verlaufen. Mehrmals sind rasche, flackernde Lichtschwankungen angedeutet, deren Realität aber wegen ihrer kleinen Amplitude ($\pm 0^m\!.25$) zweifelhaft ist.

Die Blauhelligkeiten liegen $0^m\!.4$ unter den orthochromatischen.

2503. **RS CMa** BY Serpentis-Stern; $14^m\!.0$—$15^m\!.1$.

Der rötliche Stern ist unregelmäßig und vermutlich von BY Ser-Art. Einige Male wurde eine sehr rasche Lichtabnahme beobachtet ($0^m\!.5$ und $0^m\!.75$ in je 4 Tagen), im allgemeinen verlaufen aber die Helligkeitsänderungen langsam. Besonders die Maxima können sehr breit sein; die teilweise gut ausgeprägten Minima lassen keine Periodizität erkennen.

2504. **S 4063 Mon** RR Lyrae-Stern; $13^m\!.8$—$15^m\!.2$.

Elemente lassen sich aus den wenigen Beobachtungen auf den Platten des 40 cm-Astrographen nicht ableiten. Der RR Lyr-Charakter des Lichtwechsels erscheint aber gesichert; die Verteilung der Helligkeiten und ein Abstieg um $0^m\!.8$ in 3 Stunden läßt RRa-Typ vermuten.

2505. **S 4064 CMa** Algol-Stern; $14^m\!.8$—[$15^m\!.8$.

Sichere Schwächungen sind selten. Beobachtet wurden:

Min.	Gr.
242 9317.391	$15^m\!.3$
9617.577	15.3
243 0326.564	[15.8
2943.447	15.3

2506. **118.1943 Mon** μ Cephei-Stern; $12^m\!.4$—$12^m\!.9$.

Der Lichtwechsel ist charakterisiert durch Wellen von mehreren hundert Tagen Dauer und geringer Amplitude. Es wurden jedoch auch Erscheinungen

---

[1]) Blauempfindliche Platten, 40 cm-Astrograph.

beobachtet, die raschere Helligkeitsänderungen zeigen ($0^{\rm m}.3$ in 30 Tagen). Auf den Agfa-Astro-Platten ist der Stern durchschnittlich $1^{\rm m}.5$ schwächer, also stark gefärbt (Sp. N ?).

2507. **S 4065 CMa** μ Cephei-Stern ? $12^{\rm m}.9$–$13^{\rm m}.9$.
Der Stern, der dicht am südlichen Rand des Feldes steht, kann nur auf 19 Platten des 40 cm-Astrographen beobachtet werden. Die Verteilung der Helligkeiten, insbesondere auf den 10 Aufnahmen des Winters 1941/42, läßt langsamen und wahrscheinlich unperiodischen Lichtwechsel vermuten.

2508. **S 4066 Mon** Mittlere Periode ? $14^{\rm m}.2$—$16^{\rm m}.0$.
Die wenigen Platten des 40 cm-Astrographen geben keine Anzeichen für kurzperiodischen Lichtwechsel. 10 Beobachtungen zwischen 243 0319 und 243 0431 lassen sich durch eine Periode von $55^{\rm d}$ darstellen bei einer Amplitude von $14^{\rm m}.8$ bis $15^{\rm m}.8$, doch reichen die übrigen 10 über 6 Jahre verstreuten Beobachtungen nicht zu einer Bestätigung aus.

2509. **S 4067 Pup** Algol-Stern; $12^{\rm m}.3$—$12^{\rm m}.9$.
Beobachtete Schwächungen:

Min.	Gr.	Min.	Gr.
242 5326.329	$12^{\rm m}.7$	242 9641.529	$12^{\rm m}.7$
7424.507	12.7	9690.297	12.7
8108.620	12.8	243 0326.564	12.7
8267.327	12.8	1469.467	12.7
8494.628	12.7	2891.596	12.75
8547.448	12.9		

2510. **TZ Pup** Mira-Stern; $12^{\rm m}.0$—$15^{\rm m}.8$.

$$M = 242\,5351 + 317^{\rm d} \cdot E, \quad M - m = 167^{\rm d}.$$

Die Maxima sind sehr breit und flach, der Kurventyp entspricht β_3.

Max.	Gr.	E	$B-R$	Max.	Gr.	E	$B-R$
242 5350	$12^{\rm m}.4$	0	$-1^{\rm d}$	243 0080	$12^{\rm m}.5$	15	$-26^{\rm d}$
5670	12.1	1	+2	0420	12.7	16	−3
5980	12.5	2	−5	0760	12.4	17	+20
6310	12.0	3	+8	1400	12.1	19	+26
6640	12.2	4	+21	Min.			
8180	12.6	9	−24	242 7410	15.8	7	+7
8510	12.1	10	−11	9300	15.7	13	−5
				9620	15.6	14	−2

2511. **S 4068 Mon** μ Cephei-Stern; $12^{\rm m}.4$—$13^{\rm m}.4$.
Der Veränderliche zeigt sehr langsamen und anscheinend unperiodischen Lichtwechsel in den Grenzen $12^{\rm m}.7$ bis $13^{\rm m}.4$. Die Helligkeit $12^{\rm m}.4$ wurde nur einmal beobachtet. Der Stern erscheint nur auf den 21 Platten des 40 cm-Astrographen.

2512. **169.1931 Pup** RR Lyrae-Stern ? $12\overset{m}{.}4$—$13\overset{m}{.}9$.

Die Verteilung der Helligkeiten läßt RR Lyr-Charakter vermuten. Auf den nur blauempfindlichen Agfa-Astro-Platten erscheint der Stern $0\overset{m}{.}4$ heller (gelbe Vergleichsterne ?).

2513. **170.1931 Mon** μ Cephei-Stern; $12\overset{m}{.}8$—$13\overset{m}{.}7$.

Der Stern zeigt vereinzelt lebhafte Wellen von ungefähr 100^{d} Länge. Daneben kommen aber auch längere Wellen von etwa 150^{d} sowie Zeiten mit noch langsamerem Lichtwechsel vor, so ein langsamer Aufstieg von mindestens 125^{d} Dauer und ein flaches Maximum, dessen einschließende Minima sicher noch außerhalb des 150^{d} umfassenden Kurvenstückes liegen. Die Amplitude auf Agfa-Astro-Platten ist $13\overset{m}{.}5$—$14\overset{m}{.}3$.

2514. **171.1931 Pup** Mira-Stern; $12\overset{m}{.}5$—[17^{m}.

Die Beobachtungen dieses Sterns sind außerordentlich spärlich. Nur von Epoche 9 sind An- und Abstieg und größtes Licht durch Beobachtungen belegt, von Epoche 7 liegen nur 2 dicht aufeinanderfolgende Beobachtungen im Maximum vor, bei den übrigen Epochen sind nur mehr oder minder lange Stücke des absteigenden Astes beobachtet, die nur bei Epoche 2 bis zum Maximum selbst reichen. Der Gang in den *B–R* erklärt sich daraus, daß der Tatsache Rechnung getragen werden mußte, daß der Stern auf 14 Aufnahmen zwischen 2433570 und 2433713 (1950/51) stets unsichtbar ([$15\overset{m}{.}5$) war, so daß das folgende Maximum nicht vor 2433750 eingetreten sein kann.

$$\text{Max.} = 242\,5246 + 530^{d} \cdot E.$$

Max.	Gr.	*E*	*B–R*
242 5260	$12\overset{m}{.}7$:	0	$+14^{d}$
6320	12.5	2	+14
7350	—	4	–16
8440	—	6	+14
8950	12.5	7	– 6
0010	13.7	9	– 6
1060	—	11	–16

2515. **S 4069 Pup** Unregelmäßig (RW Aur ?); $13\overset{m}{.}9$— [$16\overset{m}{.}2$.

Der Veränderliche ist auf 16 guten Platten des 40 cm-Astrographen 7 mal unsichtbar, [$15\overset{m}{.}5$ bis [$16\overset{m}{.}3$, 4 mal zwischen 15^{m} und 16^{m} und 5 mal nahe 14^{m}. Die Erscheinungen im hellen Licht drängen sich auf die Zeit 2430326 bis 382 zusammen. Zweimal sind steile Aufstiege beobachtet ($2\overset{m}{.}3$ in 7^{d}, $2\overset{m}{.}1$ in 4^{d}). Gegen U-Gem-Charakter spricht die Verteilung der hellen Beobachtungen: 2430326 $14\overset{m}{.}0$, 327 $13\overset{m}{.}8$, 328 $13\overset{m}{.}95$ und 18^{d} später (30346) immer noch $14\overset{m}{.}05$ sowie vielleicht auch die relative Häufigkeit mittlerer Helligkeiten ($15\overset{m}{.}3$ bis $15\overset{m}{.}9$). RW Aur-Charakter ist am wahrscheinlichsten.

2516. **S 4070 Pup** Algol-Stern ? $15\overset{m}{.}1$—[$16\overset{m}{.}1$.

Der Stern steht am äußersten Südrand der Platten des 40 cm-Astrographen. Er kann nur auf 15 von den 21 Platten beobachtet werden. 11 Platten zeigen die mittlere Helligkeit $15^m.08$ (beobachtet $14^m.95$—$15^m.25$), 4 zeigen ihn geschwächt:

242 9229.570	$15^m.9$:	243 0369.405	$15^m.9$
9588.691	15.75	0781.343	[16.1

2517. S 4071 Pup Unbekannt; $12^m.2$—$13^m.5$.

Die beobachteten Helligkeiten streuen meist nur wenig um $12^m.8$ auf orthochromatischen und $12^m.6$ auf blauempfindlichen Platten. Es treten sowohl Aufhellungen als Schwächungen auf, doch sind beide selten.

2518. S 4072 Pup RR Lyrae-Stern? $13^m.2$—$14^m.1$.

Der Stern ist raschwechselnd. Die Verteilung der Helligkeiten scheint aber eher für RR Lyr-Art als für Bedeckungslichtwechsel zu sprechen.

2519. 119.1943 Mon Unregelmäßig; $12^m.1$—$13^m.0$.

Der Stern zeigt sehr lange Wellen von mehreren Jahren Dauer. So steigt er von 1929 bis 1937 um $0^m.5$ bis etwa $12^m.1$ an. Im Frühjahr 1939 ist der Stern wieder etwas schwächer ($12^m.6$), und von Anfang 1941 ($12^m.1$) fällt er innerhalb von zwei Jahren verhältnismäßig rasch bis $13^m.0$. Während der nächsten fünf Jahre zeigen einzelne Aufnahmen den Stern immer hell ($12^m.1$ bis $12^m.25$). Die Helligkeit des Veränderlichen relativ zu den Vergleichsternen ist auf den orthochromatischen und den rein blauempfindlichen Platten gleich. Er ist möglicherweise weiß (γ Cas-Art ?).

2520. 120.1943 Pup Algol-Stern? $9^m.9$—[11 .

Dieser äußerst merkwürdige Stern erscheint mit einer einzigen Ausnahme auf allen Kranz-Ultra-Platten $10^m.0$, auf allen Matter- und Agfa-Astro-Platten $9^m.9$ mit sehr geringer zufälliger Streuung. Nur die eine Aufnahme 2430704.534 bis 626 (17 cm-Triplet, Kranz-Ultra) zeigt ihn bei völlig einwandfreien Bildern $10^m.95$. Eine Ernostaraufnahme, die gleichzeitig begonnen wurde (30704.543—574), zeigt den Stern bei ebenfalls einwandfreien Bildern noch im Normallicht. Der Stern müßte also in der zweiten Stunde der Tripletaufnahme noch erheblich schwächer als $11^m.0$ geworden sein. Auf den Ernostaraufnahmen zeigt der Stern eine größere Streuung ($\pm 0^m.2$), die aber sehr wahrscheinlich nur auf Konto der allgemein geringeren Bildqualität zu setzen ist, da der Stern in der Zone geringer Unschärfe liegt, die das Ernostarobjektiv aufweist. Die Annahme, daß es sich um einen Algol-Stern mit sehr kleinem D/P handelt, führt bei der Größe und Steilheit des Helligkeitsabfalls auf sehr unwahrscheinliche Bahndimensionen. Der Stern ist BD—12° 2011 ($9^m.5$).

2521. 172.1931 Pup μ Cephei-Stern; $11^m.3$—$11^m.9$.

Der Lichtwechsel dieses Sterns erfolgt in außerordentlich flachen Wellen von zeitweise nur $0^m.3$ Amplitude und durchschnittlich 800^d Dauer.

2522. 121.1943 Pup RW Aurigae-ähnlich; $12^{m}.2$—$14^{m}.2$.

Auch bei diesem Stern sind die Teilreihen nicht lang und dicht genug, um eine völlig sichere Diagnose zu stellen. Doch ist angesichts der regellosen, großen und ziemlich raschen Helligkeitsänderungen ein langperiodischer und wegen der großen Amplitude ein kurzperiodischer Lichtwechsel sehr unwahrscheinlich. Zeiten erheblicher Unruhe wechseln mit solchen geringer stetiger Lichtänderungen ab (in 3^{d} Aufstieg um $0^{m}.8$, dagegen 17 Beobachtungen zwischen 2430270—430 stetiger Abstieg um nur $0^{m}.4$). Die Blauhelligkeiten sind die gleichen wie die orthochromatischen.

2523. 173.1931 Pup Z Aquarii-Stern; $12^{m}.0$—$13^{m}.6$.

$$M = 242\,5358 + 139^{d}.5 \cdot E.$$
$$M - m = 50^{d}.$$

Max.	Gr.	E	$B-R$	Max.	Gr.	E	$B-R$
242 5349	$12^{m}.0$	0	-10^{d}	242 8530	$12^{m}.6$	23	-36^{d}
5620	12.0	2	−17	9570	12.6	30	+27
6360	12.4	7	+26	9705	12.6	31	+23
6632	12.3	9	+19	9975	12.4	33	+14
6752	12.3	10	− 1	243 0375	12.7	36	− 5
8140	12.1	20	− 8	0650	12.4	38	− 9
8263	12.3	21	−24				

Die Lichtkurve ist stark veränderlich, wodurch auch die großen Unregelmäßigkeiten in den Zeiten der Maxima entstehen.

2524. S 4073 Mon Kurzperiodisch; $14^{m}.3$—$15^{m}.4$.

Der Veränderliche konnte nur auf den blauempfindlichen Platten des 40 cm-Astrographen sicher beobachtet werden. Die Verteilung der Helligkeiten macht RRa-Lichtwechsel wahrscheinlich.

2525. EF Pup Mira-Stern:; $12^{m}.4$—$16^{m}.0$.

$$M = 242\,8473 + 374^{d}.8 \cdot E.$$

Max.	Gr.	E	$B-R$	Max.	Gr.	E	$B-R$
242 8465	$12^{m}.6$:	0	-8^{d}	243 0325	$12^{m}.8$	5	-22^{d}
9225	12.4	2	+2	0712	12.8	6	−10
9598	13.0	3	+1	1112	12.6:	7	+15
9977	13.0	4	+5	1487	12.7	8	+16

2526. 122.1943 Pup δ Cephei-Stern? $11^{m}.4$—$12^{m}.5$.

Die Verteilung der beobachteten Helligkeiten läßt δ Cep-Art möglich erscheinen, doch erlauben die sporadischen Beobachtungen keine Bestimmung der Periode. Die Blauhelligkeiten liegen zwischen $12^{m}.0$ bis $13^{m}.3$.

2527. 174.1931 Pup Unbekannt; $13^{m}.4$—$14^{m}.8$.

Die Verteilung der beobachteten Helligkeiten läßt keinen Schluß auf die Art des Lichtwechsels zu. Zwischen 2426655 und 2426775 streuen sie regellos zwischen $13^m_{\cdot}8$ und $14^m_{\cdot}5$, von 242 9575 bis 650 treten Wellen von 18^d Länge zwischen $13^m_{\cdot}2$ und $14^m_{\cdot}3$ auf, und zwischen 2430300 und 2430450 liegen alle Helligkeiten (MATTER-Sternplatten) zwischen $12^m_{\cdot}9$ und $13^m_{\cdot}3$. Auf blauempfindlichen Platten ist die Amplitude $12^m_{\cdot}8$ bis $14^m_{\cdot}3$.

2528. 175.1931 **Pup** Unveränderlich ? $13^m_{\cdot}2$.

Die Veränderlichkeit dieses Sterns ist zweifelhaft. Er ist nicht rot, sondern nach Ausweis des Vergleichs auf den schwach orthochromatischen Kranz-Ultra-Platten, den nur blauempfindlichen MATTER-Sternplatten und einer stark orthochromatischen Kranz-I-Platte etwas blauer als die Vergleichsterne. Auf den Kranz-Ultra-Platten ist er im Mittel $13^m_{\cdot}23$ ($13^m_{\cdot}05$—$13^m_{\cdot}4$), auf den Matter-Platten des 40 cm-Astrographen $13^m_{\cdot}05$ ($13^m_{\cdot}0$—$13^m_{\cdot}15$). Ein schwacher Verdacht auf Veränderlichkeit bleibt dadurch bestehen, daß er auf den 3 Agfa-Astro-Platten aus dem Winter 1948/49 (17 cm-Triplet) im Mittel $13^m_{\cdot}53$ erscheint, während ihn 6 Agfa-Astro-Platten von 1951 Feb. (19 cm-Tessar) $13^m_{\cdot}17$ zeigen.

2529. **UU Pup** Mira-Stern; $11^m_{\cdot}8$—$15^m_{\cdot}5$.

$$M = 242\,5287 + 282^d \cdot E.$$
$$M - m = 149^d.$$

Die Maxima sind breit und flach, die Minima meist ziemlich spitz. Kurventyp β_3.

Max.	Gr.	E	$B-R$	Max.	Gr.	E	$B-R$
242 5290	$12^m_{\cdot}0$	0	$+3^d$	242 9230	$12^m_{\cdot}2$	14	-5^d
6420	12.0	4	+5	243 0070	12.0	17	−11
6690	12.1	5	−7	0370	12.0	18	+7
8110	12.1	10	+3	1500	12.0	22	+9
8950	11.8	13	−3				

Min.	Gr.	E	$B-R$	
242 7400	$15^m_{\cdot}3$	8	$+6^d$	
8245	15.5	11	+5	
8550:	15.3	12	—	sehr flach, mehr als 100^d [15^m.
9355	15.3	15	−13	
9660	15.1	16	+10	
243 0770	15.5	20	−8	

2530. **BF Pup** μ Cephei-Stern; $13^m_{\cdot}8$—$14^m_{\cdot}5$.

Der Stern hat 2 nahe Begleiter, die auf den Platten des 17 cm-Triplet nicht getrennt werden können und ein diffuses Aussehen des Sterns verursachen. Die beobachtbare Amplitude ($0^m_{\cdot}7$) ist daher kleiner als die wahre. Der Veränderliche ist rot; auf den nur blauempfindlichen MATTER-Sternplatten des 40 cm-Astrographen zeigt er, soweit er getrennt werden kann (10 Platten von 20 insgesamt) Helligkeiten zwischen $15^m_{\cdot}9$ und $16^m_{\cdot}2$. 15 Agfa-Astro-Platten (blauempfindlich), die mit dem 17 cm-Triplet bzw. dem 19 cm-Tessar aufgenommen sind, zeigen die drei Sterne als diffuse Gruppe ca. 15^m (Winter 1948/49; 1951 Feb.). Die Helligkeitsänderungen erfolgen sehr langsam ($0^m.15$ in 4 Monaten).

2531. 123.1943 **Pup** μ Cephei-Stern; $13^m.2$—$14^m.8$.

Bei diesem Stern sind wellenartige Lichtänderungen von etwa 200^d Dauer angedeutet. Zeitweise verläuft der Lichtwechsel noch langsamer. Eine Periodizität ist nicht nachzuweisen. Der Stern hat die gleiche Farbe wie seine Vergleichsterne.

2532. **S 4074 Mon** Algol-Stern; $14^m.9$—$16^m.5$.

Normallicht auf blauempfindlichen Platten $0^m.3$ heller. Beobachtete Schwächungen:

Min.	Gr.
242 9339.315	$16^m.0$:
9588.691	16.2
243 0328.655	16.1
0369.405	15.8
0781.343	16.2

2533. **UV Pup** Z Aquarii-Art; $11^m.4$—$13^m.9$.

Lichtkurve und Amplitude sind starken Veränderungen unterworfen. Die Maxima und Minima lassen sich durch die Elemente

$$M = 242\,6656 + 193^d \cdot E, \quad M - m = 90^d$$

darstellen, wobei die $B-R$ noch innerhalb der bei Z Aqr-Sternen üblichen Grenzen bleiben. Zwischen 2430700 und 2430800 erscheint der Lichtwechsel sehr stark gestört: Statt des Maximums um 30709 (Ep. 21) ist der Stern um 30704 $12^m.8$, und nach einem Minimum $13^m.05$ um 30734 steigt er wieder bis $12^m.2$ um 30784 an. Leider erschwert auch hier wie bei vielen Sternen dieses Feldes die Kürze der Beobachtungsabschnitte eine sichere Beurteilung.

Max.	Gr.	E	$B-R$
242 6674	$12^m.0$	0	$+18^d$
7430:[1]	12.0	4	+ 2
8200	12.2	8	0
8562	12.1	10	−24
8951	12.1	12	−21
242 9325	$12^m.0$	14	-23^d
243 1110	12.0	23	+15
1483	11.6	25	+ 2
3615	12.2:	36	+11

Min.	Gr.	E	$B-R$
242 5601	$13^m.9$	− 5	$+10^d$
6373	13.0	− 1	+10
9630	13.0	16	−14
243 0040	13.4	18	+10
0400	13.0	20	−16

[1]) Nur Aufstieg

2534. 124.1943 **Pup** RR Lyrae-Stern? $13^m_.3-14^m_.5$.

Die Verteilung der beobachteten Helligkeiten deutet auf RRa-Charakter, wozu auch eine Folge von 3 Beobachtungen in einer Nacht paßt. Doch lassen die großen zeitlichen Differenzen zwischen den beobachteten Maxima keine Bestimmung der Periode zu.

2535. S 4075 **Mon** Algol-Stern? $11^m_.0-11^m_.7$.

Der Stern ist nur auf den 21 Platten des 40 cm-Astrographen und auf 4 Aufnahmen mit einem 14 cm-Tessar zu beobachten. Von 2429229 bis 2430378 wurde er mit geringer Streuung $11^m_.0$ gesehen. Dann folgen drei vereinzelte Beobachtungen, die ihn sämtlich geschwächt zeigen: 30382.467 $11^m_.55$, 30431.376 $11^m_.65$, 30781.343 $11^m_.55$, 31090 und 31470 ist er wieder hell, ebenso 33570 und 33690, während er dazwischen (33604.664 und 33630.569) schwach war ($11^m_.6$). Diese eigenartige Verteilung der Schwächungen läßt einen Bedeckungslichtwechsel zweifelhaft erscheinen.

2536. 177.1931 **Pup** μ Cephei-Stern; $14^m_.3-15^m_.7$.

Der Veränderliche zeigt einen meist langsamen und — soweit es die kurzen beobachteten Kurvenstücke erschließen lassen — völlig unregelmäßigen Lichtwechsel. Die photographische Amplitude (Agfa-Astro-Platten) liegt zwischen $15^m_.2$ und $16^m_.5$.

2537. S 4076 **Pup** μ Cephei-Stern; $11^m_.3-12^m_.5$.

Einzelne Kurvenstücke deuten auf einen meist flachen Verlauf der Lichtkurve hin; zwischen 2430250 und 0450 folgt einem etwas steileren Anstieg ein gut zu erkennendes Doppelmaximum. Der Stern ist rötlich, auf Blauplatten $1^m_.0$ schwächer als auf orthochromatischem Material. Der Veränderliche ist *BD*—15° 1953 ($9^m_.8$).

2538. 145.1929 **Pup** μ Cephei-Stern; $10^m_.2-11^m_.5$.

Der Lichtwechsel vollzieht sich in langen Wellen von 115^d bis mindestens 200^d Dauer, die Amplitude der einzelnen Wellen liegt zwischen $0^m_.3$ und $1^m_.0$. Die Extremhelligkeit von $10^m_.2$ wurde nur einmal beobachtet (2426350), sonst blieb der Stern schwächer als $10^m_.5$. Der Veränderliche ist wahrscheinlich ziemlich rot, die Blauhelligkeiten liegen zwischen $11^m_.1$ und $12^m_.1$ und im Mittel $0^m_.5$ unter denjenigen der orthochromatischen Platten. Der Veränderliche ist *BD*—16° 2058 ($9^m_.5$).

2539. 178.1931 **Pup** Halbregelmäßig; $13^m_.1-14^m_.8$. $P = 800^d$, 470^d.

Der Stern ist tiefrot. Auf den nur blauempfindlichen MATTER- und Agfa-Astro-Platten erscheint er [$15^m_.0$. Das Spektrum ist sehr wahrscheinlich N. Der Stern hat drei schwache anscheinend weiße Begleiter, die auf wenigen guten Platten des 40 cm-Astrographen getrennt erscheinen:

B	Distanz	10″	Positionswinkel	195°
C	,,	16	,,	280
D	,,	14	,,	315

Der Lichtwechsel erfolgt sehr langsam. Versucht man aus den beobachteten kurzen Teilstücken eine durchlaufende Lichtkurve zu zeichnen, so ergeben sich vier flache Maxima um 242 5450, 26250, 27050 und 27850:, die mit Max. = 242 5450 + $800^d \cdot E$ ohne Reste darstellbar sind. Nach einem abweichenden flachen Minimum ($14^m.6$) um 28600 lassen sich die folgenden Maxima ableiten:

Max.	E	$B-R$
242 8820	0	$+40^d$
9270	1	+20
9660	2	−60
243 0180	3	−10
0650	4	−10
1150	5	+20
1600:	6	0

Die Periode ist fast auf die Hälfte des früheren Wertes zurückgegangen, Max. = 242 8780 + $470^d \cdot E$. Der Lichtwechsel dürfte ein Grenzfall zwischen halb- und unregelmäßig sein.

2540. S 4077 Pup Algol-Stern; $13^m.6 - 15^m.2$.

Auf blauempfindlichen Platten ist das Normallicht $0^m.4$ schwächer. Beobachtete Schwächungen:

Min.	Gr.
242 9588.691	$15^m.15$
243 0321.611	15.2
0377.435	14.6
2943.447	15.1

2541. 179.1931 Pup Algol-Stern; $13^m.6 - 15^m.4$.

$$m = 242\,5302.398 + 3^d.07950 \cdot E,\ D = 0^d.4:.$$

Min.	Gr.	E	$B-R$
242 5302.384	$15^m.3$	0	$-0^d.014$
6352.446	15.15	341	−0.062
6420.333	15.15	363	+0.076
6632.628	14.4	432	−0.114
8594.396	15.3	1069	+0.012
9364.323	geschwächt	1319	+0.065
243 0026.408	15.15	1534	+0.057
0346.569	15.0	1638	−0.050
0377.435	15.4	1648	+0.021
0380.492	15.4	1649	−0.002
0731.522	15.15	1763	−0.034
0734.526	14.4	1764	−0.110
3604.664	15.2	2696	−0.066

2542. 125.1943 **Pup** Bedeckungsveränderlicher; $12^m.9—13^m.7$.

Von diesem Stern wurden die folgenden Schwächungen beobachtet:

Min.	Gr.
242 6391.378	$13^m.5$
6770.360	13.5
8267.327	13.75
8494.628	13.5
8496.595	13.5
8949.399	13.65
9943.690	13.5
243 1503.421	13.5
2946.473	13.65

2543. **UW Pup** Mira-Stern; $13^m.0—[16^m.0$.
Die beobachteten Maxima lassen sich durch die Elemente $2425567 + 422^d \cdot E$ darstellen.

Max.	Gr.	*E*	*B–R*
242 5580:	$13^m.2$	0	$+13^d$
5990	13.3	1	+ 1
6401	13.5	2	–10
8100:	13.6	6	+ 1
8517	13.8	7	– 4
9345	13.0	9	–20
243 1480	13.9	14	+ 5
3598	13.2	19	+13

Die Epochen 8 und 13 sind durch Beobachtungen auf dem absteigenden Ast belegt. Halbierung der Periode ist nicht möglich.

2544. **S 4078 Pup** Algol-Stern; $14^m.8—15^m.5$.
Beobachtete Schwächungen:

Min.	Gr.
242 5646.461	$[15^m35$
6767.345	15.25:
7398.583	15.45
8953.409	15.35
9588.691	15.45:
243 0369.405	13.35

2545. 13.1937 **Pup** Mira-Stern; $13^m.5—[15^m.5$.

Aus den wenigen Beobachtungen, die den Stern hell zeigen, lassen sich die folgenden Erscheinungen ableiten:

Max.	Gr.	*E*	*B–R*
242 5320	$13^m.9$	0	-3^d
5650	13.6	1	+ 7

Min.	Gr.	E	$B-R$
(242 5925	$14^m.6$	2	Aufstieg)
(6630	14.5	4	Abstieg)
(8250	14.1	9	Abstieg)
8525	13.5	10	$+ 2^d$
243 0430	14.0	16	−13
1090	13.7	18	+ 7

Daraus folgt:

$$M = 242\,5323 + 320^d \cdot E.$$

2546. **UX Pup** Kurzperiodisch? $12^m.3—13^m.8$.
Die Verteilung der Helligkeiten läßt keinen Schluß auf die Art des Lichtwechsels (δ Cep oder RR Lyr) zu.

2547. **S 4079 Pup** RR Lyrae-Stern? $11^m.5—12^m.3$.
Der Stern zeigt auf 2 Serien von je 3 Reihenaufnahmen rasche Lichtänderungen.

2548. **126.1943 Pup** μ Cephei-Stern; $13^m.3—14^m.3$.
Der Lichtwechsel erfolgt teilweise langsam mit stetigen Änderungen von $0^m.2$ bis $0^m.5$ während eines Beobachtungsabschnitts, teils in gut ausgeprägten Wellen, von denen aber nur Teilstücke beobachtet werden können. Gut definierte Maxima fanden 242 9640 ($13^m.7$) und 30735 ($13^m.4$) statt, ebensolche Minima 25622 ($14^m.2$) und 31485 ($14^m.3$).

2549. **S 4080 Pup** Langperiodisch? $15^m.0—[16^m$.
Der Stern ist nur auf 5 Platten des 40 cm-Astrographen zu sehen. Die Periode könnte nahe einem Jahr sein.

2550. **CQ Pup** μ Cephei-Stern; $10^m.6—11^m.5$.
Der Lichtwechsel zeigt auf den Überwachungsplatten (135 mm-Ernostar) flache Wellen von verschiedener, meist beträchtlicher Länge ($>150^d$). Spektrum Mb.

2551. **152.1929 Pup** Unregelmäßig; $12^m.1—12^m.9$.
Der Stern ist während des größten Teils der Beobachtungszeit konstant $12^m.1$. Nur von 242 5590 bis 25624 nimmt die Helligkeit von $12^m.3$ bis $12^m.6$ ab, 25646 ist er schon wieder $12^m.2$. Weitere sporadische und anscheinend kurzdauernde Schwächungen zeigen die Aufnahmen von 242 5981 ($12^m.95$), 31530 ($12^m.7$) und 32946 ($12^m.4$). Der Stern ist von nahezu gleicher Farbe wie die Vergleichsterne (auf blauempfindlichen Platten erscheint er im Mittel $0^m.05$ heller als auf orthochromatischen).

2552. **UY Pup** RW Aurigae-Stern; $13^m.0—16^m.8$.
Der Stern ändert seine Helligkeit völlig unregelmäßig und teilweise sehr rasch.]$14^m.0$ wurde er nur an 10 Tagen beobachtet, 6 dieser Beobachtungen sind paarweise mit 2, 3 und 10 Tagen Zwischenzeit angeordnet. Nach 243 0000 wurde er nur dreimal]$15^m.0$ gesehen ($14^m.3$, $14^m.6$, $14^m.9$).

2553. 127.1943 **Pup** Bedeckungsveränderlicher (β Lyr ?); $14^m_.3$—$15^m_.5$.

Die starke Streuung der Beobachtungen im hellen Licht deutet auf β Lyrae-Art. Auf den blauempfindlichen Platten des 40 cm-Astrographen liegt das Maximum bei $14^m_.1$. Beobachtet wurden folgende Schwächungen:

Min.	Gr.	Min.	Gr.
242 5323.334	$15^m_.1$	243 0025.381	$15^m_.1$
6420.333	15.1:	0026.408	15.3
6631.632	15.5	0326.695	~15.0
6770.360	15.15	0375.435	15.4
7417.478	15.5:	0376.477	14.93
8953.409	14.85	2142.509	15.1
9618.643	14.7	2946.473	15.15
9640.506	15.0:		

2554. 128.1943 **Mon** Mira-Stern; $11^m_.7$—[16^m.
$M = 242\,8495 + 387^d \cdot E.$

Max.	Gr.	E	$B-R$
242 8500	$11^m_.8$	0	$+5^d$
9650	11.7	3	−6
243 0430	12.3	5	0

2555. 180.1931 **Pup** μ Cephei-Stern; $12^m_.9$—$14^m_.4$.

Der Stern zeigt auf den orthochromatischen Platten des 17 cm-Astrographen, auf denen auch die angegebenen Helligkeiten abgeleitet sind, einen außerordentlich langsamen, unperiodischen Lichtwechsel. Von 242 5300 bis 25650 erscheint er $13^m_.0$, nimmt langsam ab bis auf $14^m_.4$ um 26200, steigt wieder an bis etwa $13^m_.4$ um 26800 und ist 27400 wieder $14^m_.2$. Später treten etwas kürzere Wellen auf, die aber völlig regellos sind und von langen Zeiten (~500^d) mit ganz langsamem oder fast verschwindendem Lichtwechsel unterbrochen werden. In dieser Zeit (242 8000 bis 31500) liegen die Helligkeiten zwischen $13^m_.6$ und $14^m_.4$. Auf den blauempfindlichen Matter-Platten des 40 cm-Astrographen zeigt der Stern eine unveränderliche Komponente $16^m_.5$, Distanz 10″, Positionswinkel 80°. Der Veränderliche ist dort viel schwächer als auf den orthochromatischen Platten und zeigt nur geringe Änderungen zwischen $15^m_.8$ und $16^m_.15$. Die Aufnahmen des 40 cm-Astrographen fallen alle in die Zeit der geringeren Aktivität (s. o.).

2556. 181.1931 **Pup** μ Cephei-Stern; $12^m_.6$—$14^m_.2$.

Die Lichtkurve verläuft meist sehr flach, gelegentlich treten aber auch gut ausgeprägte Wellen von etwa $1^m_.0$ Amplitude auf, die aber durchweg länger sind als die einzelnen Beobachtungsabschnitte (>150^d). Ein flaches Minimum liegt bei 242 6735 ($13^m_.9$), ein besser definiertes bei 28225 ($14^m_.0$), ein ziemlich spitzes Maximum bei 29615 ($12^m_.6$).

2557. 129.1943 Pup Algol-Stern; $13^{m}.2-14^{m}.3$.

$m = 242\,5624.504 + 13^{d}.138606 \cdot E.$

$D = 53^{h}.6 \quad d = 0^{h}.0 \quad A_1 = 1^{m}.1 \quad A_2 = 0^{m}.3.$

Min.	Gr.	E	$B-R$
242 5624.527	$14^{m}.15$	0	$+0^{d}.023$
6767.345	14.2	87	−0.218
7398.583	14.15	135	+0.367
7424.507	14.2	137	+0.014
9618.643	14.3	304	+0.003
9631.465	14.35:	305	−0.314
243 0380.492	14.25	362	−0.187
1090.476	14.1	416	+0.312

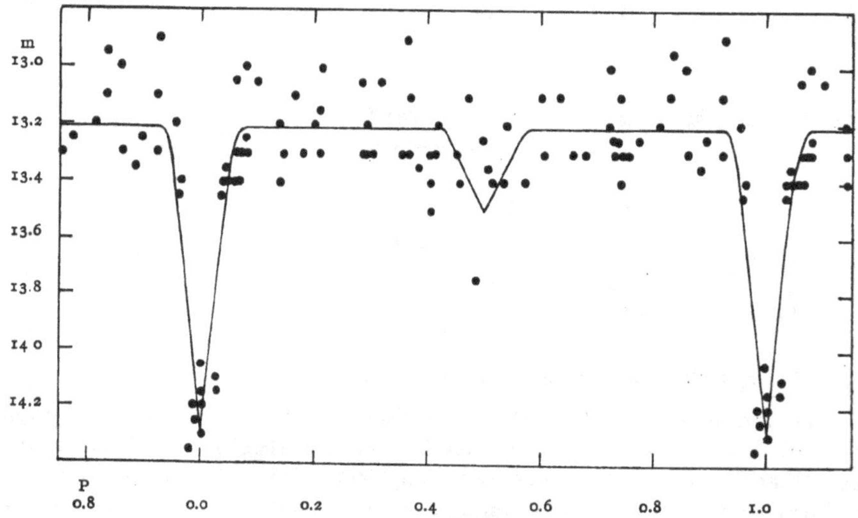

129.1943 Puppis

2558. 182.1931 Pup Halbregelmäßig; $13^{m}.0-14^{m}.2$.

Die wenigen einigermaßen sicher beobachteten Maxima dieses Sterns lassen sich zwischen 242 5000 und 243 000 durch die Elemente:

$$M = 242\,5331 + 113^{d}.5 \cdot E$$

darstellen, zu denen auch die verstreuten Beobachtungen und kurzen Kurvenstücke passen. Die späteren Beobachtungen — ein gut ausgeprägtes Maximum bei 2430370 ($13^{m}.1$) und mehrere kürzere Kurvenstücke mit geringen Helligkeitsänderungen — fügen sich diesen Elementen nicht mehr. Die Grenzen des Lichtwechsels auf den blauempfindlichen Agfa-Astro-Platten liegen bei $13^{m}.3$ und $14^{m}.4$, also nur wenig tiefer.

Max.	Gr.	E	$B-R$
242 5325	$13^{m}.2$	0	-6^{d}
6360	13.0	9	+ 8
6695	13.3	12	+ 2
8175	13.4	25	+ 7
9635	13.3	38	− 9

2559. **130.1943 Pup** Bedeckungsveränderlicher? $12^{\rm m}.1$—$12^{\rm m}.4$.
Wegen der geringen Anzahl sicherer Schwächungen konnten keine Elemente abgeleitet werden.

2560. **S 4081 Pup** μ Cephei-Stern; $12^{\rm m}.2$—$13^{\rm m}.3$.
Der Lichtwechsel vollzieht sich in Wellen von einigen hundert Tagen Dauer. Stillstände wurden nicht beobachtet. Der Stern ist sehr rot: auf den Blauplatten ist er etwa $2^{\rm m}.0$ schwächer. Der Stern ist *BD*–13° 2253 ($10^{\rm m}$).

2561. **131.1943 Pup** Algol-Stern; $13^{\rm m}.4$—$13^{\rm m}.9$.

$$m = 242\,6654.610 + 2^{\rm d}.072840 \cdot E, \quad D = 7^{\rm h}.$$

Min.	Gr.	*E*	*B–R*	Min.	Gr.	*E*	*B–R*
242 6391.378	$13^{\rm m}.95$	–127	$+0^{\rm d}.019$	242 9641.529	$13^{\rm m}.8$	1441	$-0^{\rm d}.043$
6420.333	13.8	113	–0.046	243 0375.435	13.8	1795	+0.077
6654.612	14.1	0	+0.002	1090.476	14.0	2140	–0.012
8267.327	13.85:	+778	+0.047	1146.406	13.85	2167	–0.048
8953.409	13.85:	1109	+0.019				

Der Stern steht dicht am Plattenrand, so daß die Beobachtungen stärker als gewöhnlich streuen.

2562. **S 4082 Mon** Raschwechselnd (RW Aur ?); $13^{\rm m}.8$—$16^{\rm m}.0$.
Der Veränderliche ist nach Ausweis der dichteren Reihe vom Winter 1941/42 raschwechselnd. Die in diesem Zeitraum beobachteten Helligkeiten liegen zwischen $14^{\rm m}.6$ und $15^{\rm m}.7$. Die vorher und später beobachteten Helligkeiten überschreiten aber diese Amplitude erheblich, und die drei letzten vereinzelten, auf die Jahre 1943, 1944 und 1945 verteilten Beobachtungen zeigen ihn alle sehr hell ($\sim 14^{\rm m}.0$), so daß Verdacht auf RW Aur-Art besteht.

2563. **S 4083 Pup** RR Lyrae-Stern; $11^{\rm m}.3$—$12^{\rm m}.8$.
Der Veränderliche ist randnah und nur auf den Platten des 40 cm-Astrographen zu beobachten. Aus den vorhandenen 20 Aufnahmen lassen sich keine Elemente ableiten, jedoch läßt die Verteilung der beobachteten Helligkeiten mit großer Wahrscheinlichkeit auf RR Lyr-Lichtwechsel schließen.

2564. **S 4084 Pup** Algol-Stern; $15^{\rm m}.1$—$15^{\rm m}.9$.
Auf 19 Platten des 40 cm-Astrographen, auf denen dieser randnahe Stern beobachtet werden kann, erscheint er einmal geschwächt.

2565. **21.1934 Pup** Mira-Stern; $12^{\rm m}.5$—$15:^{\rm m}$.
Der Veränderliche konnte nur auf 20 Platten des 40 cm-Astrographen beobachtet werden. Ein gut gesichertes Maximum 2430377 (10 Platten) und zehn sporadische Beobachtungen zwischen 242 9229 und 31470 lassen als wahrscheinliche Elemente:

$$M = 243\,0377 + 187^{\rm d} \cdot E$$

annehmen.

2566. **S 4085 Mon** Langperiodisch? $14^{\rm m}.6$—$16^{\rm m}.5:$.
Der Veränderliche steht dicht am Rand des Feldes des 40 cm-Astrographen. Er ist langsam veränderlich, eine Periode ist aus den wenigen Beobachtungen

nicht abzuleiten, doch erscheint bei einer Amplitude von 2 Größenklassen Z Aqr-Typus wahrscheinlicher als μ Cep-Art.

Feld δ Aquilae

E. Ahnert-Rohlfs, W. Götz

Teil I der Untersuchung enthält die in KVBB Nr. 19, S. 13 bis 15 und S. 26 bis 33 bearbeiteten Sterne. Auf Grund des inzwischen hinzugekommenen Plattenmaterials wurden die Elemente der dort angeführten Sterne neu bestimmt. Diese Sterne sind unter ihren alten Nummern aufgeführt.

Teil II enthält die Bearbeitung der von Hoffmeister auf den Platten des 400/1600 mm-Astrographen neu entdeckten Sterne einschließlich einiger älterer in der oben zitierten Arbeit fehlender Veränderlicher.

Einige Veränderliche mußten noch zurückgestellt werden, da das verfügbare Plattenmaterial nicht zu ihrer Erledigung ausreichte. Ihre Bearbeitung erfolgt nach Beendigung der vorgesehenen Reihenaufnahmen mit der Schmidtkamera[1]).

Teil I.

1. **ES Aql** Halbregelmäßig; $13^m_.2$—$[15^m_.1$.

$$M = 242\,5455 + 101^d_.1 \cdot E.$$

Max.	Gr.	E	$B-R$
242 5447	$13^m_.3$	0	-8^d
5856	14.1	4	−3
6247	13.3	8	−17
6575	13.3	11	+8
7240	13.2	18	−35
243 1028	13.3	55	+12
1350	13.5	58	+31
1647	13.4	61	+25
3536	13.2	80	−7
3835	13.2	83	−11

Die Maxima sind in ihrer Form verschieden. Der Lichtkurve ist noch ein zweiter, rascher, unregelmäßiger Lichtwechsel überlagert.

2. **EX Aql** RV Tauri-ähnlich; $12^m_.1$—$13^m_.4$.

Der Stern hat bei J.D. 242 5437 ein Minimum ($13^m_.4$), das in seiner Form und Tiefe den Minima der visuellen Beobachtungsreihe von M. Beyer [AN Ergänzungshefte, Bd. 11, Nr. 4] in der Zeit von 1934 Juni 1 bis 1939 September 12 [J.D. 242 7590 bis J.D. 242 9519] gleicht. Im weiteren Verlauf ist die Lichtkurve jedoch bis J.D. 242 7273 ziemlich flach und vollkommen unregelmäßig. Auch Beyer beobachtete in dem schon genannten Zeitabschnitt Störungen des Lichtwechsels und weist darauf hin, daß eine durchlaufende Periodizität nicht vorliegt. Beobachtungen auf später aufgenommenen Platten erlauben keine Aussage über den weiteren Verlauf der Lichtkurve. Lediglich ein Helligkeitsabfall von $12^m_.6$ auf $13^m_.4$ innerhalb von 30^d konnte noch festgestellt werden (J. D. 243 3835).

---
[1]) Korr. Platte 50 cm, Spiegel 70 cm, f = 172 cm.

3. **FO Aql** U Geminorum-Stern; $13^m.8$—$17^m.5$.

Die in KVBB Nr. 19 von MORGENROTH beobachteten Erhellungen werden bestätigt. Mit den dort angeführten Elementen:

$$M = 242\,7273.46 + 28^d.7 \cdot E$$

läßt sich auch das später beobachtete Maximum bei J.D. 242 9460.43 ($14^m.2$) leidlich darstellen. Der Stern ändert öfters seine Helligkeit um $2^m.5$ innerhalb von 2 Tagen. Sein Ruhelicht liegt bei $17^m.5$.

4. **FP Aql** Mira-Stern; $11^m.7$—[$15^m.4$.

$$M = 242\,5451 + 343^d.7 \cdot E.$$

Max.	Gr.	E	$B-R$
242 5447	$11^m.7$	0	-4^d
5798	11.9	1	+3
6149	12.0	2	+11
6481	11.7	3	−1
6815	11.8	4	−11

Von den Maxima E 1, 2 u. 3 wurde nur der Abstieg beobachtet. Dem Maximum E 4 liegt auch die Beobachtung von ESCH (AN 256.313) zugrunde. Die am selben Ort angegebenen Beobachtungen zwischen J.D. 242 7197 und 7882, die alle auf dem absteigenden Ast liegen, lassen sich ebenfalls mit diesen Elementen darstellen.

5. **FQ Aql** Unregelmäßig; $15^m.1$—[$17^m.3$.

Die Helligkeitsänderung erfolgt zum Teil in Form unregelmäßiger Wellen. Rascher Lichtwechsel oder Stillstände von längerer Dauer wurden nicht beobachtet. Über die Farbe des Sterns kann keine Aussage gemacht werden.

6. **FR Aql** Mira-Stern; $15^m.5$—[$17^m.2$.

$$M = 242\,5545 + 291^d.3 \cdot E.$$

Max.	Gr.	E	$B-R$
242 5535	$15^m.5$	0	-10^d
5835	15.7	1	−1
6155	15.8	2	+27
7275	16.2	6	−18
243 1375	15.9	20	+4
1660	15.8	21	−2

7. **FS Aql** Mira-Stern; $14^m.1$—[$17^m.3$.

$$M = 242\,5462 + 150^d \cdot E.$$

Max.	Gr.	E	$B-R$
242 5465	$15^m.8$	0	$+3^d$
6205	15.6	5	−7
6515	14.1	7	+3

8. FT Aql Mira-Stern; $13^{m}.5$—[$15^{m}.7$.
$M = 242\,5529 + 367^{d} \cdot E$.

Max.	Gr.	E	$B-R$
242 5535	$13^{m}.5$	0	$+6^{d}$
5889:	13.9	1	−7
6635	13.6	3	+5
243 1029	13.7	15	−5

9. FU Aql Langperiodisch; $14^{m}.6$ —[$16^{m}.4$.
$M = 242\,5504 + 292^{d} \cdot E$.

Max.	Gr.	E	$B-R$
242 5481	$15^{m}.5$	0	-23^{d}
5815	14.6	1	+19
6095	15.5	2	+ 7
7274	15.5	6	+18
243 1029	15.5	19	−23

Das Maximum E 1 ist gut durchbeobachtet. Von den übrigen Maxima liegen nur Einzelbeobachtungen vor.

10. FV Aql Mira-Stern; $13^{m}.8$—[$17^{m}.0$.
$M = 242\,5808 + 208^{d}.5 \cdot E$.

Max.	Gr.	E	$B-R$
242 5800	$13^{m}.8$	0	-8^{d}
6215	14.0	2	−10
6635	14.0	4	− 7
6875	14.4	5	+24
7255	14.0	7	−13
243 1029	14.0	25	+ 8
1650	14.0	28	+ 4
3515	14.2	37	− 8

Vom Maximum der Epoche 5 wurde nur ein Teil des absteigenden Astes beobachtet.

11. FW Aql Mira-Stern; $13^{m}.5$—$15^{m}.3$.
$M = 242\,5536 + 340^{d}.3 \cdot E$.

Max.	Gr.	E	$B-R$
242 5535	$13^{m}.7$	0	-1^{d}
5889	14.0	1	+13
6207:	14.5	2	−10
6546	13.7	3	−11
6898	13.5	4	+ 1
243 1326	14.0	17	+ 5
1661	14.0	18	0

12. FX Aql Mira-Stern; $15^m.5$—[$17^m.2$.
$M = 242\,5430 + 209^d.5 \cdot E$.

Max.	Gr.	E	B–R
242 5420	$16^m.1$	0	-10^d
5860	15.5	2	+11
6480	15.6	5	+ 2
6895	15.6	7	− 2

Die Maxima sind spitz.

13. FY Aql Mira-Stern; $14^m.9$—[$17^m.4$.
$M = 242\,5449 + 208^d \cdot E$.

Max.	Gr.	E	B–R
242 5455	$16^m.6$	0	$+6^d$
5860	15.4	2	−5
6484	14.9	5	−5
6910	15.5	7	+5

Das Maximum $E = 0$ ist relativ flach.

14. GG Aql Mira-Stern; $15^m.2$—[$17^m.4$.
$M = 242\,6250 + 343^d \cdot E$.

Max.	Gr.	E	B–R
242 6245	$15^m.2$	0	-5^d
6594	16.0	1	+1
6945	15.2	2	+9
7275	15.2	3	−4

15. GH Aql Mira-Stern; $14^m.3$—[$17^m.3$.
$M = 242\,5520 + 146^d \cdot E$.

Max.	Gr.	E	B–R
242 5520	$14^m.4$	0	0^d
5810	15.1	2	−2
6545	14.3	7	+3

16. GI Aql Mira-Stern; $14^m.1$—[$17^m.2$.
$M = 242\,5452 + 213^d.6 \cdot E$.

Max.	Gr.	E	B–R
242 5445	$14^m.5$	0	-7^d
5890	14.5	2	+11
6095	14.5	3	+ 2
6510	14.4	5	−10
6945	14.1	7	− 2
243 1650	14.5	29	+ 4

Vom Maximum $E\,3$ liegt nur eine helle Beobachtung vor.

17. GK Aql Mira-Stern; $13^m\!.6$—[$16^m\!.8$.
$M = 242\,5474 + 196^d \cdot E$.

Max.	Gr.	E	B–R
242 5465	$14^m\!.5$	0	-9^d
5875	14.2	2	+9
6245	14.3	4	−13
6480	14.3	5	+26
6635	14.3	6	−15
7240	13.6	9	+2

Aus der Zeit von J.D. 243 1000 bis J.D. 243 1670 liegen einige hellere Einzelbeobachtungen vor. Sie passen zu den angegebenen Elementen, erlauben aber wegen ihrer geringen Anzahl nicht die Ableitung weiterer Maxima.

18. GL Aql Mira-Stern; $13^m\!.6$—[$16^m\!.9$.
$M = 242\,5492 + 308^d \cdot E$.

Max.	Gr.	E	B–R
242 5485	$14^m\!.7$	0	-7^d
5805	13.6	1	+5
243 1350	14.7	19	+6
1650	13.7	20	−2

Wegen der ungünstigen Verteilung der beobachteten Maxima ist die Epochenzählung nicht völlig gesichert.

20. GO Aql Mira-Stern; $13^m\!.4$—[$17^m\!.4$.
$M = 242\,6536 + 154.8^d \cdot E$.

Max.	Gr.	E	B–R
242 6535	$15^m\!.3$	0	-1^d
6845	14.7	2	−1
243 1029	13.4	29	+4
1325	14.0	31	−10
1650	13.6	33	+6

Die Maxima sind spitz.

21. GP Aql Mira-Stern; $14^m\!.2$—[$16^m\!.6$.
$M = 242\,5538 + 421^d \cdot E$.

Max.	Gr.	E	B–R
242 5535	$15^m\!.3$	0	-3^d
7230	14.2	4	+8
7639	14.3	5	−4

Der Stern ist auf einem großen Teil der Platten nicht sichtbar. Schwächere Beobachtungen und Platten, auf denen der Stern unsichtbar ist, bestätigen die Richtigkeit der oben angeführten Elemente.

22. GQ Aql Mira-Stern; $14^{m}.4$—[$16^{m}.1$.

$M = 242\,6178 + 202^{d}.5 \cdot E.$

Max.	Gr.	E	B–R
242 6181	$14^{m}.4$	0	$+3^{d}$
243 1029	15.8	24	−9
1652	14.6	27	+6

Die Periode stützt sich auch auf schwächere Einzelbeobachtungen und auf Platten, die den Stern unsichtbar zeigen.

23. GR Aql Mira-Stern; $13^{m}.6$—[$16^{m}.6$.

$M = 242\,5532 + 307^{d}.5 \cdot E.$

Max.	Gr.	E	B–R
242 5535	$14^{m}.0$	0	$+3^{d}$
5835	14.0	1	−5
6150	13.6	2	+3
243 3525	14.0	26	−2
3835	14.0	27	0

25. GT Aql Mira-Stern; $13^{m}.6$—[$17^{m}.0$.

$M = 242\,5530 + 204^{d} \cdot E.$

Max.	Gr.	E	B–R
242 5535	$14^{m}.5$	0	$+\ 5^{d}$
6155	15.0	3	+13
6545	13.6	5	− 5
6945	15.5	7	−13
243 1652	14.2	30	+ 2

Vom Maximum *E* 0 liegt nur eine helle Beobachtung vor.

27. LM Aql Mira-Stern; $14^{m}.4$—[$17^{m}.0$.

$M = 242\,6242 + 257^{d} \cdot E.$

Max.	Gr.	E	B–R
242 6247	$14^{m}.6$	0	$+\ 5^{d}$
6484	14.4	1	−15
7274	14.6	4	+ 4
243 1374	15.8	20	− 8
1652	15.2	21	+13

Vom Maximum *E* 4 liegt nur eine helle Beobachtung vor.

28. LT Aql Algol-Stern; $12^{m}.4$—$14^{m}.9$.

$m = 242\,5850.278 + 1^{d}.846\,198 \cdot E$

$D = 4^{h}.9 \quad d = 0^{h}.0.$

Min.	Gr.	E	B–R	Min.	Gr.	E	B–R
242 5850.341	$13^{m}.09$	0	$+0^{d}.063$	242 9906.311	$13^{m}.45$	2197	$-0^{d}.064$
6160.473	14.08	168	+0.034	243 0168.467	13.15	2339	−0.068
6594.357	13.25	403	+0.061	0443.606	14.85	2488	−0.013
7240.448	14.28	753	−0.017	0530.472	13.15:	2535	+0.082
8045.367	14.08	1189	−0.040	0578.415	14.74	2561	+0.024

Min.	Gr.	E	$B-R$	Min.	Gr.	E	$B-R$
242 9077.458	$14^m.85$	1748	$+0^d.026$	242 0936.510	$14^m.08$	2755	$-0^d.043$
9112.469	14.24	1767	−0.041	243 1322.379	14.85	2964	−0.030
9376.563	14.54	1910	+0.047	1322.421	14.95	2964	+0.012
9424.456	13.61	1936	−0.061	1322.462	13.77	2964	+0.053

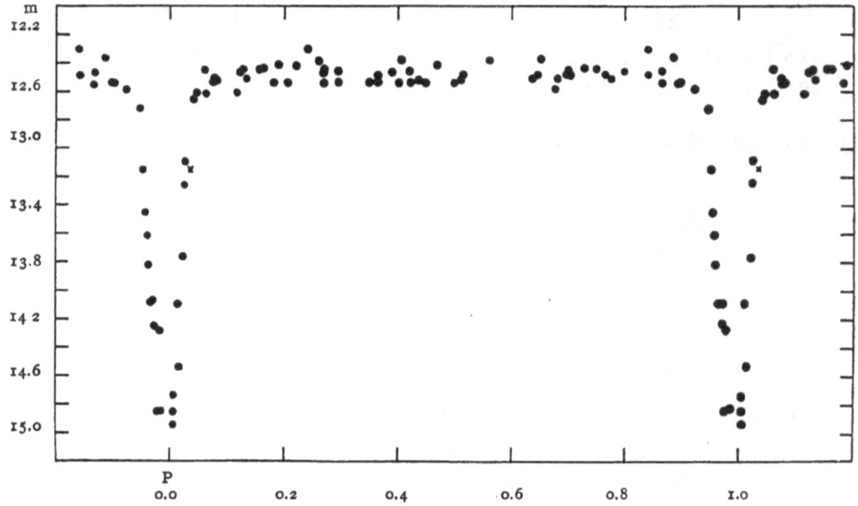

LT Aquilae

29. V 347 Aql RW Aurigae-Stern; $11^m.5-13^m.1$.
Der Lichtwechsel verläuft absolut regellos und teilweise sprunghaft. Besonders rascher Lichtwechsel wurde in der Zeit von *J.D.* 242 5792 bis *J.D.* 242 5889 beobachtet. Der Stern änderte einmal seine Helligkeit um $1^m.4$ ($11^m.6-13^m.0$) innerhalb von 2 Tagen. Stillstände wurden nicht festgestellt. Einzelbeobachtungen lassen jedoch vermuten, daß sie im schwachen und mittleren Licht vorkommen. Der Stern ist nach Hoffmeister (AN 238.189) rötlich.

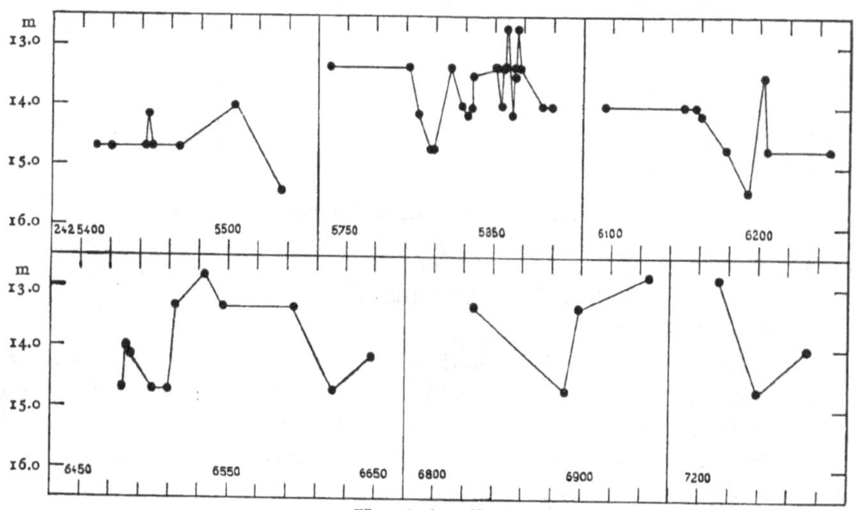

V 348 Aquilae

30. V 348 Aql RW Aurigae-Stern; $12^{m}.7$—$15^{m}.4$.
Der Lichtwechsel verläuft völlig unregelmäßig und sprunghaft (s. Lichtkurve, S. 70). Rasche Lichtänderungen wurden besonders von *J.D.* 2425851 bis *J.D.* 2425866 und bei *J.D.* 2431370 beobachtet. Der Stern ändert hierbei öfters sein Licht um $1^{m}.0$ innerhalb eines Tages. Stillstände wurden nicht festgestellt, doch lassen Einzelbeobachtungen vermuten, daß sie höchstwahrscheinlich bei $13^{m}.3$ und $14^{m}.7$ auftreten.

31. V 349 Aql V Ursae minoris-Stern; $14^{m}.8$—[$16^{m}.0$.
$M = 242\,5437 + 98^{d} \cdot E.$

Max.	Gr.	*E*	*B–R*
242 5437	$15^{m}.1$	0	0^{d}
5535	15.1	1	0
5850	14.8	4	+21
6120	15.0	7	− 3
6207	15.1	8	−14
6514	15.1	11	− 1
6889	15.1	15	−18
7214	15.0	18	+13

Die Maxima sind in ihrer Form sehr verschieden. Während das Maximum *E* 4 ziemlich steilen Anstieg zeigt, dem noch ein zweiter rascher Lichtwechsel überlagert ist, sind die Maxima *E* 7 und *E* 8 sehr flach. Die Amplitude beträgt an diesen Stellen nur $0^{m}.4$.

32. V 350 Aql Langperiodisch; $14^{m}.0$—$16^{m}.3$.
$M = 242\,5459 + 267^{d}.7 \cdot E.$

Max.	Gr.	*E*	*B–R*
242 5447	$14^{m}.0$	0	-12^{d}
5738	14.4	1	+11
6247	14.0	3	−15
6546	14.9	4	+16

Von späteren Maxima liegen nur Einzelbeobachtungen vor, die sich auf dem auf- oder absteigenden Ast befinden, aber nicht in Widerspruch zu den Elementen stehen.

33. V 351 Aql Mira-Stern; $12^{m}.7$—[$15^{m}.9$.
$M = 242\,5472 + 196^{d} \cdot E.$

Max.	Gr.	*E*	*B–R* 1	*B–R* 2
242 5479	$12^{m}.9$	0	$+ 7^{d}$	$+ 7^{d}$
5859	12.9	2	− 5	− 5
6648	13.2	6	0	0
6827	12.7	7	−17	−17
7240	13.2	9	+ 4	+ 4
7639	13.2	11	+11	+11
243 1374	12.8	30	+22	00
3514	12.8	41	+ 6	+15
3870	12.8	43	−30	−16

Der starke Gang bei den letzten Maxima gab Veranlassung, die ersten 6 und die letzten 3 Maxima getrennt auszugleichen. Hierbei wurden die folgenden instantanen Elemente gefunden:

$$M = 242\,5472 + 196^{\mathrm{d}} \cdot E \quad (E_0 \text{ bis } E_{11}) \text{ und}$$
$$M = 243\,1374 + 193^{\mathrm{d}}.2 \cdot E \quad (E_{30} \text{ bis } E_{43}).$$

Für die Maxima der Epochen 0 bis 11 konnten also die mittleren Elemente beibehalten werden, an die sich nach einem Epochensprung von $+22^{\mathrm{d}}$ vor der Epoche 30 die Elemente mit der Periode $P = 193^{\mathrm{d}}.2$ anschließen.

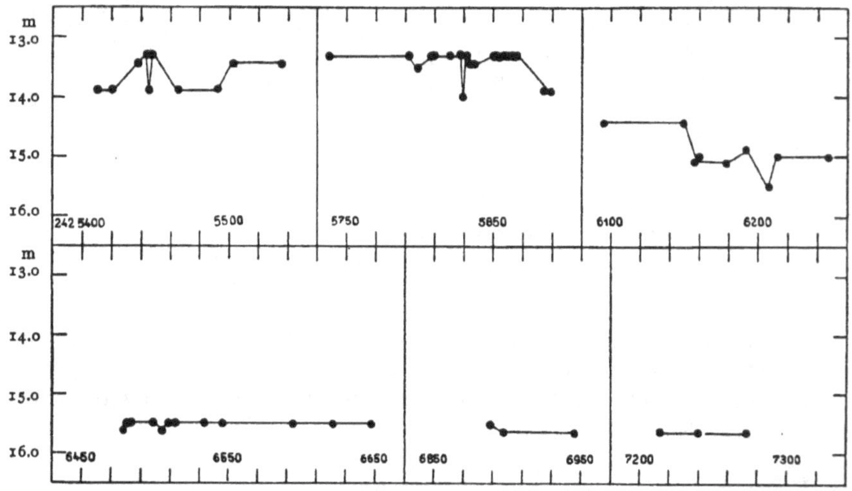

V 352 Aquilae

34. **V 352 Aql** Unregelmäßig; $13^{\mathrm{m}}.3$—[17^{m}

Dieser eigenartige Veränderliche nimmt im Beobachtungszeitraum allmählich und unregelmäßig von $13^{\mathrm{m}}.3$ bis zur Unsichtbarkeit ([17^{m}]) ab. Nach einem Aufstieg von $13^{\mathrm{m}}.9$ auf $13^{\mathrm{m}}.3$ in der Zeit von 23^{d} fällt die Helligkeit nach einem kurzen sekundären Minimum in 18^{d} wieder auf $13^{\mathrm{m}}.9$. 29^{d} später steigt der Stern in 11^{d} wieder auf die frühere Maximalhelligkeit und bleibt dann ververmutlich längere Zeit konstant. Nach 200^{d} Pause verläuft die Lichtkurve jedenfalls noch etwa 130^{d}, von einem kurzen Minimum abgesehen, im hellen Licht, bis dann plötzlich ein Helligkeitsabfall einsetzt. In kurzer Zeit ist der Stern um $0^{\mathrm{m}}.6$ schwächer geworden. Abermals 200^{d} später liegt seine Helligkeit bereits bei $14^{\mathrm{m}}.4$. 50^{d} darauf springt die Lichtkurve von $14^{\mathrm{m}}.4$ auf $15^{\mathrm{m}}.0$. In diesem Licht ist der Stern dann von *J.D.* 242 6149 bis *J.D.* 242 6247 beobachtet worden. Aufnahmen in der Zeit von *J.D.* 242 6478 bis *J.D.* 242 7639 zeigen ihn wiederum um $0^{\mathrm{m}}.5$—$0^{\mathrm{m}}.7$ schwächer. Auf den Platten von *J.D.* 243 1027 bis *J.D.* 243 1670 und von *J.D.* 243 3475 bis *J.D.* 243 3860 ist der Stern schließlich überhaupt nicht mehr sichtbar. Es handelt sich bei dieser Lichtkurve möglicherweise um den absteigenden Ast einer langsamen Nova. Ein Beweis kann allerdings nicht erbracht werden, da keine Aufnahmen vom Aufstieg vorhanden sind. Auch auf den Wolf-Palisa-Karten ist der Stern nicht aufzufinden.

35. **V 353 Aql** BY Serpentis-Stern; $12^m\!.7$—$14^m\!.4$.

Die Lichtkurve des Sterns ist vollkommen unregelmäßig. Es treten sowohl rasche als auch langsame Lichtänderungen auf. Zuweilen sind auch Stillstände mit stufenförmigen Änderungen zu verzeichnen. Wellen sind in der Lichtkurve nicht festzustellen. Der Stern ist nach Hoffmeister (AN 5791) rötlich.

36. **V 354 Aql** RW Aurigae-ähnlich; $12^m\!.5$—$14^m\!.0$.

Die Form der Lichtkurve ist ziemlich unregelmäßig. Es ist nicht selten, daß der Stern seine Helligkeit innerhalb von 2^d um etwa $0^m\!.5$ ändert. Es kommt aber auch vor, daß er in der gleichen Zeit $1^m\!.0$ durchläuft. An anderen Stellen hingegen zeigt der Stern einen langsamen Lichtwechsel.

37. **V 355 Aql** Mira-Stern; $13^m\!.7$—[$16^m\!.2$.

$M = 242\,5750 + 215^d \cdot E.$

Max.	Gr.	E	$B-R$
242 5738	$15^m\!.8$	0	-12^d
6192	13.7	2	+12
6621	14.4	4	+11
6827	14.0	5	+ 2
7240	13.9	7	−15

Das Maximum *E* 0 ist sehr flach und breit. Dem Maximum der Epoche 5 liegt nur eine helle Beobachtung zugrunde.

38. **V 357 Aql** Mira-Stern; $14^m\!.6$—[$16^m\!.5$.

$M = 242\,5734 + 306^d \cdot E.$

Max.	Gr.	E	$B-R$
242 5738	$15^m\!.0$	0	$+ 4^d$
6946	15.4	4	−12
7273	14.6	5	+ 9

Der Stern ist auf den meisten Platten nicht sichtbar. Es wird vermutet, daß ein Teil der Maxima unter der Sichtbarkeitsgrenze liegt.

39. **V 358 Aql** Mira-Stern; $13^m\!.8$—[$15^m\!.7$.

$M = 242\,6559 + 267^d\!.6 \cdot E.$

Max.	Gr.	E	$B-R$
242 6546	$14^m\!.0$	0	-13^d
7639	14.0	4	+10
243 1371	13.8	18	− 5
1652	13.8	19	+ 9

40. **V 359 Aql** Z Aquarii-Stern; $14^m\!.2$—$16^m\!.2$.

$M = 242\,5441 + 147^d\!.5 \cdot E.$

Max.	Gr.	E	$B-R$
242 5420	$14^m\!.5$	0	-21^d
5738	15.0	2	+ 2

Max.	Gr.	E	$B-R$
242 5884	$15^m.1$	3	0^d
6192	14.2	5	+13
6478	14.6	7	+ 4
7639	15.1	15	−15
243 1650	15.8	42	+14

Der Stern zeigt, wie dieser Art eigen, größere Unregelmäßigkeiten in seiner Lichtkurve und Periode. Es kommen sowohl rasche als auch langsame Lichtänderungen vor. In der Zeit von ungefähr 10^d kann der Stern sein Licht um $1^m.6$ ändern.

41. **V 360 Aql** Langperiodisch; $14^m.5$—$15^m.3$.
$M = 242\,5535 + 122^d.7 \cdot E.$

Max.	Gr.	E	$B-R$
242 5535	$14^m.5$	0	0^d
6149	14.9	5	0
6509	14.9	8	− 8
6648	14.9	9	+ 9
243 1670	14.5	50	0

Der Lichtwechsel des Sterns verläuft zum Teil in sehr flachen Wellen. Die Maxima sind in ihrer Form verschieden.

42. **V 361 Aql** Mira-Stern; $14^m.10$—[$15^m.2$.
$M = 242\,5736 + 224^d \cdot E.$

Max.	Gr.	E	$B-R$
242 5738	$14^m.35$	0	$+2^d$
6178	14.1	2	−6
6635:	—	4	+3

44. **V 363 Aql** Mira-Stern; $13^m.4$—$15^m.9$.
$M = 242\,5533 + 265^d.5 \cdot E.$

Max.	Gr.	E	$B-R$
242 5535	$13^m.4$	0	$+ 2^d$
5809	13.4	1	+10
6594	13.7	4	− 1
7639	13.4	8	−18
243 1374	13.4	22	0
1650	13.7	23	+10

45. **V 364 Aql** Langperiodisch; $13^m.4$—[$15^m.7$.
$M = 242\,5465 + 342^d \cdot E.$

Max.	Gr.	E	$B-R$
242 5465	$13^m.4$	0	0^d
6149	15.4	2	0
6490	14.4	3	−1

Das Maximum $E0$ ist gut durchbeobachtet. Ebenfalls das Maximum $E3$. Die Maxima haben unregelmäßige Formen. Es besteht die Möglichkeit, daß ein Teil von ihnen unter der Sichtbarkeitsgrenze liegt. Zwischen *J.D.* 242 5800 und *J.D.* 242 5900 liegen 7 Beobachtungen dicht über dei Sichtbarkeitsgrenze ($15^m.6$), die jedoch nicht als Maximum angesehen werden können.

46. **V 365 Aql** Mira-Stern; $14^m.2$—[$16^m.5$.
$M = 242\,5472 + 112^d.5 \cdot E$.

Max.	Gr.	E	$B-R$
242 5480	$15^m.5$	0	$+ 8^d$
5809	15.5	3	− 1
6149	14.2	6	+ 2
6484	15.4	9	− 1
6594	14.8	10	− 3
7273	14.3	16	+ 1
243 1650	14.9	55	−10

Die Maxima sind meistens spitz.

47. **V 366 Aql** Z Aquarii-Stern; $14^m.8$—[$15^m.8$.
$M = 242\,5447 + 144^d.5 \cdot E$.

Max.	Gr.	E	$B-R$
242 5447	$14^m.8$	0	0^d
5889	15.6	3	+ 8
6170	15.6	5	+ 0
6889	15.3	10	− 3
243 1650	15.3	43	−11
3536	15.0	56	− 3
3835	14.8	58	+ 7

Die Periode ist über die ganze Beobachtungszeit wirksam, die Kurvengestalt jedoch sehr veränderlich. Die Maxima $E3$ und $E5$ sind sehr flach (Amplitude $0^m.4$), die hellen $E0$, $E56$ und $E58$ jedoch spitz.

49. **V 369 Aql** Mira-Stern; $14^m.4$—[$15^m.0$.
$M = 242\,5825 + 242^d \cdot E$.

Max.	Gr.	E	$B-R$
242 5834	$14^m.5$	0	$+ 9^d$
6546	14.8	3	− 5
7273	14.4	6	− 4
243 1370	14.8	23	−21
1652	14.6	24	+19

Vom Maxima $E = 6$ und $E = 23$ liegt nur je eine Beobachtung vor.

50. **V 370 Aql** Z Aquarii-Stern; $12^m.9$—$14^m.2$.
$M = 242\,5516 + 170^d.5$.

Max.	Gr.	E	$B-R$
242 5503	$13^m.1$	0	-13^d
5856	13.5	2	− 1

Max.	Gr.	E	$B-R$
242 6178	$12^m.9$	4	-20^d
6898	13.3	8	+18
243 1326	13.6	34	+13
1650	13.7	36	− 4
3535	13.7	47	+ 5

Der Stern ist nach HOFFMEISTER (AN 238.189) rot. Die Lichtkurve zeigt keinen sehr regelmäßigen Verlauf. Der Auf- und Abstieg vom schwachen zum mittleren Helligkeitsbereich erfolgt manchmal ziemlich rasch. Die Maxima sind in ihrer Form sehr verschieden und zum Teil nur wenig ausgeprägt.

51. **V 371 Aql** Mira-Stern; $13^m.6$—[$15^m.7$.
$M = 242\,5852 + 261^d \cdot E$.

Max.	Gr.	E	$B-R$
242 5859	$13^m.6$	0	$+7^d$
6894	13.7	4	−2
243 1326:	14.4	21	−7

Das Maximum $E\,0$ ist gut durchbeobachtet und zeigt eine spitze Kurvenform.

52. **V 372 Aql** Z Aquarii-Stern; $14^m.9$—$16^m.3$.
$M = 242\,5505 + 158^d \cdot E$.

Max.	Gr.	E	$B-R$
242 5503	$15^m.0$	0	$-\ 2^d$
5832	15.6	2	+11
6149	14.9	4	+12
6594	15.5	7	−17
6946	14.9	9	+19
7240	15.0	11	− 3
243 1326	15.7	37	−25
1670	15.7	39	+ 3

Die Maxima $E\,0$ und $E\,2$ sind ziemlich gestört. Es scheint, als ob noch ein zweiter Lichtwechsel überlagert wäre. Das Maximum der Epoche 7 ist sehr flach, das der Epoche 11 hingegen verhältnismäßig spitz.

53. **V 373 Aql** μ Cephei-Stern; $14^m.0$—$15^m.1$.
Der Veränderliche ist wenig tiefer gefärbt als die Vergleichsterne. Es treten mehrmals glatte Wellen von etwa 150^d Länge und einer Amplitude von $0^m.8$ auf. Daneben zeigen sich aber auch flachere Wellen von nur 30—50^d Länge und Abschnitte von 100—150^d, in denen sich die Helligkeit kaum ändert.

54. **V 374 Aql** RW Aurigae-Stern; $11^m.9$—$15^m.5$.
Die Lichtkurve des Sterns verläuft zum größten Teil im mittleren Helligkeitsbereich. Mehrmaliges Aufflackern wurde besonders von *J. D.* 242 5792 bis *J. D.* 242 5889 beobachtet. Es ist hierbei nicht selten, daß der Stern innerhalb eines Tages Helligkeitsänderungen von $0^m.5$ zeigt. Stillstände im

Lichtwechsel wurden nicht festgestellt, doch ist auf Grund von Einzelbeobachtungen besonders in der Zeit von *J.D.* 2431325 bis *J.D.* 2431650 zu vermuten, daß auch bei diesem Stern Stillstände im schwachen Licht auftreten.

55. **V 375 Aql** Mira-Stern; $13^m_.7$—[$15^m_.4$.
$M = 242\,6167 + 207^d \cdot E.$

Max.	Gr.	E	$B-R$
242 6160	$14^m_.0$	0	-7^d
6594	13.9	2	+13
7214	13.8	5	+12
9080	13.9	14	+15
9488	14.1	16	+ 9
9877	14.2	18	−16
243 0499	14.2	21	−15
0704	13.7	22	−17
0931	13.7	23	+ 3
1346	14.5	25	+ 4

Der Lichtkurve scheinen manchmal rasche Schwankungen überlagert zu sein, wobei ein Intervall von $0^m_.5$ in einigen Tagen durchlaufen wird. Die Maxima sind in ihrer Form sehr verschieden.

58. **V 378 Aql** RW Aurigae-ähnlich; $13^m_.4$—$15^m_.7$.
Der Verlauf der Lichtkurve ist vollkommen unregelmäßig. Bei dem Stern konnte kein Aufflackern beobachtet werden. Stillstände wurden ebenfalls nicht festgestellt, sind aber, wie Einzelbeobachtungen erkennen lassen, vermutlich im mittleren Licht vorhanden.

59. **V 379 Aql** Langperiodisch; $14^m_.5$—[$15^m_.8$.
$M = 242\,5453 + 365^d_.6 \cdot E.$

Max.	Gr.	E	$B-R$
242 5447	$14^m_.8$	0	-6^d
5820	14.5	1	+ 1
6546	15.1	3	− 4
243 1326	14.8	16	+23
1652	15.1	17	−16

Eine Einzelbeobachtung bei *J.D.* 2426946 ($14^m_.8$) weist auf die Nähe des Maximums $E\,4$ hin. Die Form der Maxima ist verschieden.

60. **V 380 Aql** Z Aquarii-Stern; $12^m_.4$—$13^m_.7$.
$M = 242\,5413 + 142^d \cdot E.$

Max.	Gr.	E	$B-R$
242 5410	$12^m_.6$	0	-3^d
5828	12.4	3	−11
6125	12.4	5	+ 2
6546	12.4	8	− 3
7273	12.4	13	+14
243 1371	12.6	42	− 6
3514	13.0	57	+ 7

Der Stern zeigt sehr unregelmäßige Kurvenformen. Die Maxima sind in ihrer Form verschieden. Das Maximum E 10 ist nur sehr schwach ausgeprägt. Der Stern ist nach HOFFMEISTER (AN 6195) rötlich.

61. **V 381 Aql** RV Tauri-Stern; $12^m_{\cdot}7-15^m_{\cdot}4$.
$M = 242\,5860 + 54^d_{\cdot}8 \cdot E.$
$m = 242\,5827 + 54^d_{\cdot}8 \cdot E.$

Max.	Gr.	E	$B-R$
242 5420	$12^m_{\cdot}9$	− 8	$-1^d_{\cdot}6$
5484	12.9	− 7	+7.6
5807	12.9	− 1	+1.8
5860	13.2	0	0.0
6192	12.7	+ 6	+3.2
6247	13.0	+ 7	+3.4
6509	13.7	+12	−8.6
6632	12.9	+14	+4.8
6898	13.0	+19	−3.2

Min.	Gr.	E	$B-R$
242 5503	$14^m_{\cdot}4$	− 6	$+4^d_{\cdot}8$
5820	14.0	0	−7.0
6157	14.6	+ 6	+1.2
6213	15.4	+ 7	+2.4
6481	14.6	+12	−3.6
6546	14.7	+13	+6.6

Der Stern ist nach HOFFMEISTER (AN 6195) rötlich. Die Form der Lichtkurve ist veränderlich. Die Maxima sind sehr spitz. Das Nebenminimum tritt nur stellenweise auf. Der Stern gehört nach MORGENROTH (KVBB Nr. 19) und PEREPELKINA (VS 7.234) zum RV Tauri-Typ.

62. **V 382 Aql** Langperiodisch; $14^m_{\cdot}7-16^m_{\cdot}3$.
$M = 242\,5803 + 279^d \cdot E.$

Max.	Gr.	E	$B-R$
242 5792	$14^m_{\cdot}7$	0	-11^d
6648	14.7	3	+ 8
7214	15.2	5	+16
243 1647	15.2	21	−15

Die Maxima sind spitz.

63. **V 383 Aql** μ Cephei-Stern; $13^m_{\cdot}3-14^m_{\cdot}2$.

Die Lichtkurve verläuft in regellosen Wellen, deren Länge etwa 50^d beträgt. Zum Teil treten aber auch raschere Helligkeitsänderungen auf. Auch Stillstände wurden beobachtet. Der Stern ist nach HOFFMEISTER (AN 6195) rötlich.

64. **V 384 Aql** Langperiodisch; $13^m.8$—[$15^m.1$.
$M = 242\,5543 + 180^d.4 \cdot E$.

Max.	Gr.	E	$B-R$
242 5535	$13^m.8$	0	-8^d
5889	13.9	2	−15
6648	13.8	6	+23
8423	14.9	16	− 6
9515	14.0	22	+ 3
243 1318	14.5	32	+ 2

Der Stern ist nur auf wenigen Platten sichtbar. Die Maxima sind in ihrer Form verschieden. Ein Teil von ihnen liegt wahrscheinlich unter der Sichtbarkeitsgrenze. Die in KVBB Nr. 19, 1938 angegebene Periode ist nach den obigen Elementen teilbar, was auch durch mehrere Einzelbeobachtungen und besonders durch zwei gut beobachtete Minima bei *J. D.* 242 6200 und 243 1270 bestätigt wird.

66. **V 386 Aql** Mira-Stern; $12^m.7$—[$16^m.2$.
$M = 242\,6633 + 334^d.8 \cdot E$.

Max.	Gr.	E	$B-R$
242 6648	$12^m.7$	0	$+15^d$
6946	14.0	1	−22
7639	12.7	3	+ 2
243 1326	14.0	14	+ 6
1652	13.2	15	− 3

Der Stern ist von *J. D.* 242 5410 bis 242 6594 auf keiner Platte sichtbar. Die Maxima der Epochen $E1$ und $E3$ sind nur durch je eine Beobachtung belegt. Die Form der übrigen Maxima ist spitz.

67. **V 387 Aql** Mira-Stern; $13^m.8$—$15^m.8$.
$M = 242\,5479 + 154^d \cdot E$.

Max.	Gr.	E	$B-R$
242 5465	$13^m.8$	0	-14^d
5792	14.4	2	+ 5
6095	14.1	4	0
6247	14.4	5	− 2
6546	14.1	7	−11
6889	14.5	9	+24
7639	14.4	14	+ 4
243 1326	14.4	38	− 5

Die Maxima sind sich in ihrer Form ähnlich.

68. **V 388 Aql** Mira-Stern; $14^m.1$—$16^m.3$.
$M = 242\,5419 + 294^d \cdot E$.

Max.	Gr.	E	$B-R$
242 5420	$14^m.1$	0	$+1^d$
6594	14.9	4	−1
6889	14.9	5	0

Die Maxima sind in ihrer Form verschieden.

70. V 390 Aql Mira-Stern; $14^m.7$—[$16^m.2$.
$M = 242\,5839 + 307^d \cdot E$.

Max.	Gr.	E	$B-R$
242 5850	$14^m.7$	0	$+11^d$
243 1374	14.8	18	+ 9
1652	14.7	19	−20
3514	14.8	25	0

Das Maximum E0 ist gut durchbeobachtet. Der aufsteigende Ast ist steiler als der absteigende. Auf den meisten Platten ist der Stern nicht sichtbar.

71. V 391 Aql Unregelmäßig; $12^m.2$—$14^m.4$.
Der Stern zeigt einen sehr unregelmäßigen Lichtwechsel. In der Lichtkurve treten Wellen von ungefähr 50 bis 60^d Länge und wechselnder Form auf. Die Minima sind spitz. Es kann RV Tauri-ähnlicher Typ vermutet werden. Eine genaue Aussage kann jedoch auf Grund des geringen Beobachtungsmaterials nicht gemacht werden.
Die Farbe des Sterns ist nach KVBB Nr. 19 rot. Das Spektrum ist N (MWC 689).

72. V 392 Aql Unregelmäßig; $12^m.6$—$14^m.4$.
Der Stern ist nach Hoffmeister (AN 5791) rot. Die Lichtkurve ist völlig regellos und zeigt sowohl langsame als auch rasche Lichtänderungen. Stillstände kommen des öfteren im schwachen Lichte vor. Regelmäßige Wellen konnten in der Lichtkurve nicht festgestellt werden.

73. V 393 Aql Mira-Stern; $13^m.0$—$15^m.5$.
$M = 242\,5849 + 260^d \cdot E$.

Max.	Gr.	E	$B-R$
242 5855	$13^m.0$	0	$+ 6^d$
6095	13.4	1	−14
6898	13.0	4	+ 9

Das Maximum E0 ist gut durchbeobachtet. Es ist spitz und symmetrisch.

74. V 394 Aql RW Aurigae-Stern; $14^m.0$—$15^m.5$.
Der Lichtwechsel des Sterns ist vollkommen unregelmäßig. Sehr unruhiger Lichtwechsel wurde von *J.D.* 242 5859 bis 242 5866 beobachtet, wobei Helligkeitsänderungen von $0^m.7$ innerhalb eines Tages auftraten. Ein Stillstand im Lichtwechsel mit der Helligkeit $14^m.4$ wurde von *J.D.* 242 5851 bis 242 5858 festgestellt. Es ist anzunehmen, daß noch weitere Stillstände im mittleren und auch schwachen Licht stattfanden.

75. V 395 Aql Halbregelmäßig; $13^m.4$—[$15^m.2$.
$M = 242\,5419 + 97^d.2 \cdot E$.

Max.	Gr.	E	$B-R$
242 5410	$13^m.8$	0	$- 9^d$
5798	13.4	4	−10
6178	14.2	8	−19

Max.	Gr.	E	$B-R$
242 6478	$14^m.1$	11	-10^d
6621	14.2	12	+36
6898	14.2	15	+21
7273	14.1	19	+ 7
7639	13.9	23	−16

Der Stern zeigt größere Unregelmäßigkeiten in Periode und Lichtkurve.

76. **V 396 Aql** Mira-Stern; $13^m.2$—[$16^m.2$.
$M = 242\,5427 + 395^d \cdot E.$

Max.	Gr.	E	$B-R$
242 5420	$13^m.2$	0	-7^d
5827	15.3	1	+5
6213	13.3	2	−4
6621	15.7	3	+9
243 1350	14.5	15	−2

Die Maxima sind sich in ihrer Form ähnlich.

77. **V 397 Aql** Mira-Stern; $13^m.4$—[$15^m.2$.
$M = 242\,5494 + 183^d.6 \cdot E.$

Max.	Gr.	E	$B-R$
242 5503	$13^m.4$	0	$+9^d$
5857	13.7	2	−4
6225	13.7	4	−3
6594	13.5	6	−2
1370	14.2	32	+1

Einzelbeobachtungen bei *J. D.* 242 6192 ($14^m.8$), 242 6889 ($14^m.5$) und 242 6946 ($14^m.5$), die vor bzw. nach Zeiten angestellt wurden, an denen der Stern unsichtbar war, berechtigen dazu, die Periode von $\sim 183^d$ beizubehalten, obwohl nur Maxima mit geraden Epochenzahlen beobachtet wurden. Die Maxima *E* 2 und *E* 6 sind gut durchbeobachtet. Ihre Formen sind verschieden.

78. **V 398 Aql** Mira-Stern; $14^m.5$—[$16^m.4$.
$M = 242\,5531 + 139^d \cdot E.$

Max.	Gr.	E	$B-R$
242 5535	$15^m.1$	0	$+ 4^d$
5792	15.1	2	−17
6484	14.5	7	−20
7639	14.5	15	+23
243 1374	14.6	42	+ 5
1650	14.7	44	+ 3

Die Maxima sind sehr spitz.

79. **V 399 Aql** Mira-Stern; $12^m.4$—$15^m.9$.
$M = 242\,5842 + 230^d.4 \cdot E.$

Max.	Gr.	E	$B-R$
242 5828	$12^{m}.4$	0	-14^{d}
6095	13.1	1	+23
6535	12.9	3	+ 2
7214	12.9	6	−10
243 1370	13.0	24	− 2

80. V 400 Aql Langperiodisch; $14^{m}.1$—[$16^{m}.4$.

Der Stern ist auf den meisten Platten nicht sichtbar. Nur zwei Mira-artige Maxima bei *J.D.* 242 5820 ($14^{m}.1$) und 242 6481 ($15^{m}.6$) konnten beobachtet werden. Wahrscheinlich treten bei diesem Stern die Maxima nur gelegentlich über die Sichtbarkeitsgrenze.

81. V 401 Aql Mira-Stern; $13^{m}.9$—[$15^{m}.8$.

$M = 242\,5410 + 387^{d}.5 \cdot E.$

Max.	Gr.	E	$B-R$
242 5410	$13^{m}.9$	0	0^{d}
5798	14.1	1	0
6207	14.5	2	+22
6565	13.9	3	− 8
6946	14.2	4	−14

83. V 403 Aql Mira-Stern; $14^{m}.2$—[$16^{m}.0$.

$M = 242\,5504 + 289^{d} \cdot E.$

Max.	Gr.	E	$B-R$
242 5503	$14^{m}.7$	0	-1^{d}
5798	14.2	1	+5
6946	14.1	5	−3

Die Maxima sind spitz. Das Maximum $E\,1$ ist gut durchbeobachtet.

84. V 404 Aql Mira-Stern; $14^{m}.1$—[$15^{m}.7$.

$M = 242\,5442 + 177^{d}.4 \cdot E.$

Max.	Gr.	E	$B-R$
242 5437	$14^{m}.3$	0	$-\ 5^{d}$
5795	14.3	2	− 2
6149	14.4	4	− 3
6505	14.3	6	− 1
6862	14.1	8	+ 1
7227	14.3	10	+11
243 1652	14.3	35	+ 1

86. V 407 Aql Algol-Stern; $13^{m}.1$—$14^{m}.4$.

$m = 242\,5792.500 + 1^{d}.182015 \cdot E.$

$A_1 = 1^{m}.3,\ A_2 = 0^{m}.3$

$D_1 = 5^{h}.6,\ d = 0^{h}.0$

Min.	Gr.	E	$B-R$
242 5792.446	$14^m.21$	0	$-0^d.054$
5798.444	14.34	5	+0.034
5856.382	14.22	54	+0.053
6149.474	14.36	302	+0.006
6207.367.	14.40	351	−0.020
6648.268	14.30:	724	−0.010
7214.506	14.12:	1203	+0.042
7240.448	14.20:	1225	−0.020
243 3838.467	<13.50	6807	0.000

Die obige Periode wurde von HOFFMEISTER in BZ 21.136.1939 angegeben.

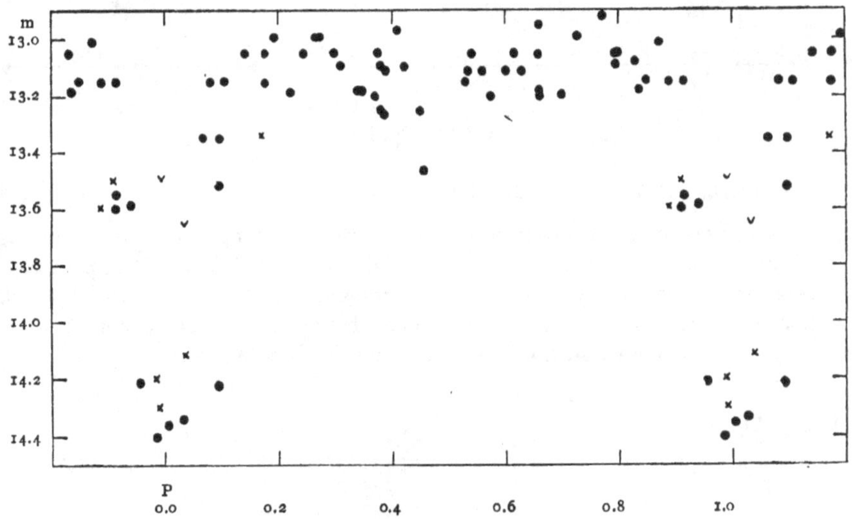

V 407 Aquilae

90. V 409 Aql Algol-Stern; $11^m.5-12^m.2$.
$m = 242\ 5503.385 + 2^d.049391 \cdot E$
$A_1 = 0^m.7,\ A_2 = 0^m.2$
$D_1 = 9^h.8,\ \ d = 0^h.0$

Min.	Gr.	E	$B-R$
242 5503.319	$12^m.01$	0	$-0^d.066$
5798.444	12.14	144	−0.053
5835.405	12.23	162	+0.019
6095.549	11.96	289	−0.110
6207.367	11.83	343½	+0.041
6247.338	12.19	363	+0.024
6505.460	12.14	489	−0.077
6546.493	12.09	509	−0.032
243 1647.452	12.22	2998	−0.007
3473.479	12.21	3889	+0.012
3514.410	12.02	3909	−0.044

Die von HOFFMEISTER in B. Z. 21.136 gegebene Periode mußte nur geringfügig geändert werden, um den seither hinzugekommenenen Beobachtungen zu genügen.

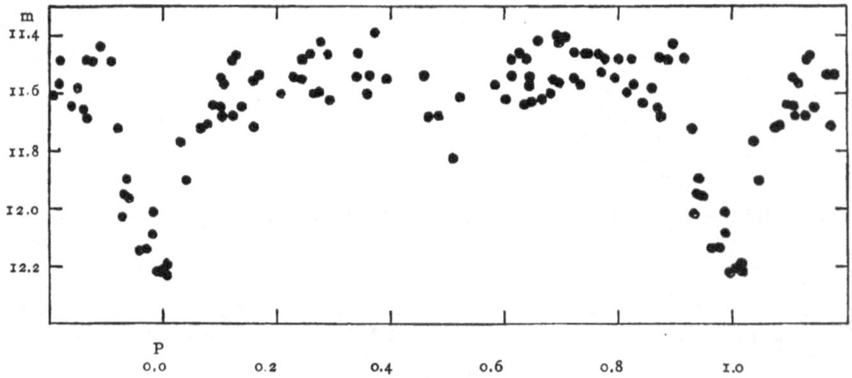

V 409 Aquilae

91. **V 527 Aql** RW Aurigae-ähnlich; $14^m_.2-15^m_.9$.

Dieser Stern zeigt im größten Teil seiner Beobachtung einen unregelmäßigen Lichtwechsel im Bereich von $15^m_.3-15^m_.9$. Nur von *J.D.* 242 5792 bis 242 5866 zeigt der Stern einige rasche Aufhellungen, die an die Maximalhelligkeit heranreichen. Stillstände wurden nicht beobachtet. Vermutlich sind diese jedoch vorhanden und kommen im schwachen Lichte vor.

92. **V 529 Aql** U Geminorum-Stern; $14^m_.3-16^m_.7$.

Max.	Gr.
242 5432	$14^m_.7$
5885	14.3
6172	14.3
6602	14.5

Die Dauer der Aufhellungen hält über 30 Tage an. Zwei sichere Beobachtungen von *J.D.* 242 5535 ($15^m_.8$) und 242 6898 ($15^m_.5$) zeigen, daß auch um diese Zeit Erhellungen gewesen sein müssen. Der Stern ändert seine Helligkeit von $16^m_.7$ auf $15^m_.4$ innerhalb eines Tages.

93. **V 530 Aql** Mira-Stern; $12^m_.9-[16^m_.3$.
$M = 242\ 5453 + 366^d \cdot E$.

Max.	Gr.	*E*	*B–R*
242 545	$14^m_.7$	0	$+12^d$
586	13.6	1	−12
6178	14.6	2	− 7
6555	14.9	3	+ 4
7273	12.9	5	−10
243 1326	14.6	16	+17

94. **282.1931 Aql** Unregelmäßig; $14^{m}_{\cdot}1$—$15^{m}_{\cdot}3$.

Die Lichtkurve des Sterns ist vollkommen regellos. Während sich der Stern von *J. D.* 242 5410 bis 242 5535 fast ruhig verhält (Helligkeit $14^{m}_{\cdot}6$), zeigt er von *J. D.* 242 5850 bis 242 5890 einen ziemlich raschen Lichtwechsel. Hierbei ist es nicht selten, daß der Stern innerhalb von 1^{d} seine Helligkeit um $0^{m}_{\cdot}6$ ändert. Auch andere Kurvenstücke weisen auf raschen Lichtwechsel hin. Der Stern ist nach HOFFMEISTER rötlich (AN 5791).

97. **V 531 Aql** Mira-Stern; $14^{m}_{\cdot}1$—[$15^{m}_{\cdot}4$.
$M = 242\,5889 + 303^{d} \cdot E$.

Max.	Gr.	E	$B-R$
242 5889	$14^{m}_{\cdot}8$	0	0^{d}
6192	14.1	1	0
6495	14.4	2	0

Der Stern ist auf einem großen Teil der Platten nicht sichtbar. Die Maxima *E* 1 und *E* 2 sind gut durchbeobachtet. Sie zeigen verschiedene Formen. Zwei Einzelbeobachtungen bei *J. D.* 242 5535 ($14^{m}_{\cdot}4$) und 242 7639 ($14^{m}_{\cdot}4$) weisen auf in der Nähe vorkommende Maxima hin. Die Beobachtungen selbst liegen aber wahrscheinlich auf dem auf- bzw. absteigenden Ast der Lichtkurve.

98. **V 412 Aql** μ Cephei-Stern; $12^{m}_{\cdot}4$—$13^{m}_{\cdot}8$.

Die Lichtkurve des Sterns verläuft in langsamen, regellosen Wellen. Auch Stillstände treten ab und zu auf. Anzeichen von Periodizität konnten nicht beobachtet werden. Der Stern ist nach HOFFMEISTER (AN 6195) rötlich.

99. **V 411 Aql** η Geminorum-Stern; $14^{m}_{\cdot}7$—$15^{m}_{\cdot}3$.
$m = 242\,5514 + 162^{d}_{\cdot}1 \cdot E$.

Min.	Gr.	E	$B-R$	n
242 5503	$15^{m}_{\cdot}0$	0	-11^{d}	1
5832	15.3	2	− 6	2
6178	15.1	4	+16	1
243 1027	15.3	34	+ 2	1
1371	15.0	36	+21	1
1650	15.2	38	−24	3

n = Anzahl der Beobachtungen.
Der Stern zeigt ein ziemlich konstantes Normallicht ($14^{m}_{\cdot}7$), das 140 bis 150^{d} anhält. Der Abstieg zum Minimum dauert ungefähr 5 bis 10^{d}.

102. **V 405 Aql** Mira-Stern; $14^{m}_{\cdot}3$—[$16^{m}_{\cdot}1$.
$M = 242\,5524 + 187^{d}_{\cdot}3 \cdot E$.

Max.	Gr.	E	$B-R$
242 5535	$14^{m}_{\cdot}3$	0	$+11^{d}$
5889	14.3	2	−10
6095	14.4	3	+ 9
6827	14.3	7	− 8

Die Maxima sind sehr spitz. Einzelbeobachtungen im mittleren Lichte, die sich auf dem auf- bzw. absteigenden Ast der Lichtkurve befinden, folgen ebenfalls den oben angeführten Elementen.

103. **V 532 Aql** Mira-Stern; $13^{\rm m}.8$—[$16^{\rm m}.3$.

$M = 242\,5891 + 312^{\rm d} \cdot E.$

Max.	Gr.	E	$B-R$
242 5889	$14^{\rm m}.6$	0	$-2^{\rm d}$
6207	13.8	1	+4
6514	15.1	2	−1

Nur das Maximum $E\,1$ ist gut durchbeobachtet.

106. **99.1930 Aql** S Vulpeculae-Stern; $14^{\rm m}.0$—$15^{\rm m}.3$.

$M = 242\,5838.7 + 54^{\rm d}.44 \cdot E.$

Max.	Gr.	E	$B-R$
242 5835	$14^{\rm m}.3$	0	$-3^{\rm d}.7$
6163	14.1	6	−2.3
6553	14.0	13	+6.6
7639	14.0	33	+3.8
243 1660	14.0	107	−3.8

Auch die Einzelbeobachtungen in der Zeit von $J.D.$ 242 5410 bis 243 1670 folgen diesen Elementen. Die Kurvenform der Maxima ist jedoch verschieden.

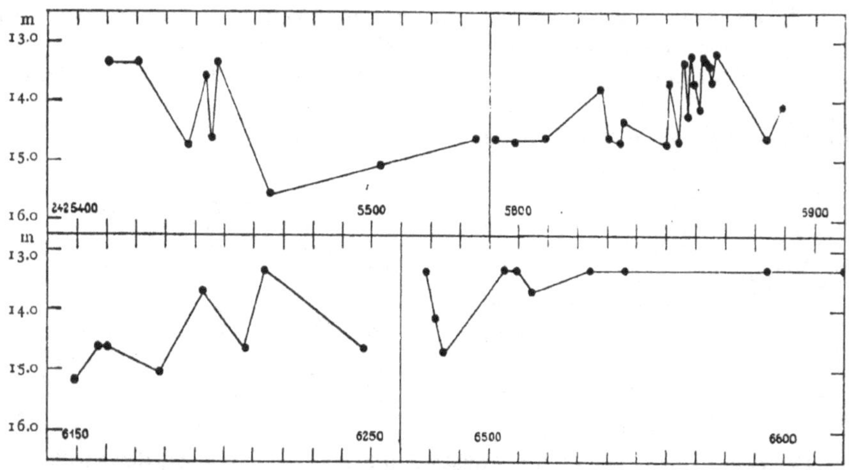

100. 1930 Aquilae

107. **100.1930 Aql** RW Aurigae-Stern; $13^{\rm m}.0$—$15^{\rm m}.6$.

Es handelt sich bei diesem Stern um einen typischen RW Aurigae-Stern, der von $J.D.$ 242 5410 bis 242 5465 in unregelmäßigen Schwankungen den gesamten Helligkeitsbereich durchläuft. Besonders rasche und unregelmäßige Änderungen wurden von $J.D.$ 242 5850 bis 242 5889 und von $J.D.$ 242 6149 bis 242 6247 festgestellt. Möglicherweise treten Stillstände im hellen Lichte ($13^{\rm m}.3$) auf. Die größte innerhalb eines Tages stattgefundene Helligkeitsänderung beträgt $1^{\rm m}.1$ ($13^{\rm m}.7$ bis $14^{\rm m}.8$).

108. **343.1936 Aql** μ Cephei-Stern; $11^{m}4$—$12^{m}2$.
Der Lichtwechsel des Sterns verläuft in langsamen regellosen Wellen. Auch Stillstände und raschere Helligkeitsänderungen kommen vor. Die Länge der Wellen beträgt etwa 130^{d}.

112. **V 534 Aql** Mira-Stern? $14^{m}3$—[$15^{m}4$.
Der Stern liegt äußerst randnah und konnte nur auf wenigen Platten beobachtet werden. Er ist auf den rotempfindlichen Tripletaufnahmen meist [$15^{m}4$, auf allen Matter-Platten des 400 mm-Astrographen [$16^{m}1$ bzw. [$16^{m}5$. Es wurde nur ein Maximum beobachtet 242 5862—5889. Seine Form läßt auf einen Mira-Stern schließen. Das in KVBB 19 mitgeteilte Maximum 242 5990, mit dessen Hilfe eine Periode von 122^{d} vermutet wurde, muß auf einem Irrtum beruhen, da zu dieser Zeit Aquila in Sonneberg nicht aufgenommen wurde und nicht aufgenommen werden kann.

114. **113.1930 Aql** RV Tauri-Stern; $14^{m}1$—$15^{m}5$.
Der Stern zeigt RV Tauri-artigen Lichtwechsel, der allerdings größere Unregelmäßigkeiten aufweist. Zeitweise erscheint der Lichtwechsel stark abgeflacht (um 242 6500/600), zuweilen fällt das sekundäre Minimum aus, auch scheint die Periode Änderungen unterworfen zu sein. Der Stern ähnelt in seinem Verhalten R Scuti. Die vorliegende Reihe ist leider nicht lang und dicht genug, um sichere Elemente ableiten zu können. Die durchschnittliche Periode liegt bei 100^{d}.

116. **V 419 Aql** μ Cephei-Stern; $13^{m}7$—$14^{m}4$.
Die Lichtkurve des Sterns besteht aus hohen und niedrigen Wellen von 40 bis über 130 Tagen Länge. Die Wellen durchlaufen nie die volle Amplitude Über die Farbe des Sterns kann nichts ausgesagt werden.

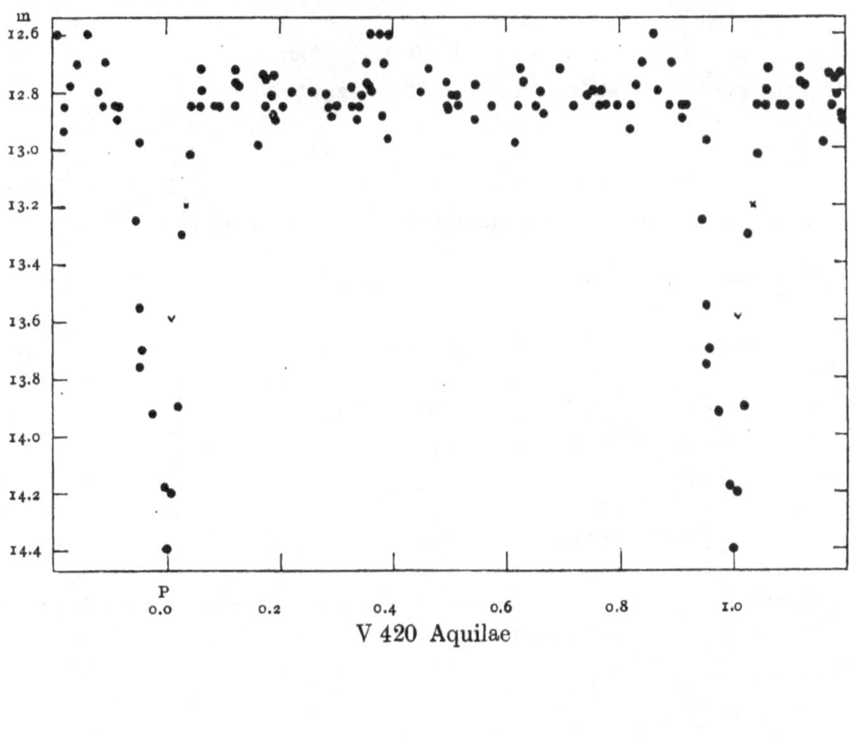

V 420 Aquilae

117. **V 420 Aql** Algol-Stern; $12^m_{\cdot}8-14^m_{\cdot}3$.

$m = 242\ 5410.485 + 3^d_{\cdot}532698 \cdot E.$

$D = 11^h_{\cdot}0;\ d = 0^h_{\cdot}0.$

Min.	Gr.	*E*	*B–R*
242 5410.507	$14^m_{\cdot}20$	0	$+0^d_{\cdot}022$
5827.410	13.90	118	+ 067
5834.404	14.18	120	— 005
6484.516	13.30	304	+ 091
6505.460	13.70	310	— 161
7240.448	⟨13.60	518	+ 025
7639.444	13.76	631	— 173
243 1027.289	13.25	1590	— 186
1670.426	14.40	1772	000
3514.410	13.92	2294	— 084

Teil II

2567. **S 4381 Aql** Mira-Stern; $15^m_{\cdot}8-[17^m_{\cdot}0$.

Der Stern ist nur auf GA-Platten sichtbar. Es wurden lediglich 2 Maxima bei

243 1374 ($15^m_{\cdot}8$) und

243 1670 ($15^m_{\cdot}8$) beobachtet.

Zwei Beobachtungen bei 2431027 und 2431029 ($16^m_{\cdot}5$) weisen ebenfalls auf ein in der Nähe vorkommendes Maximum hin. Die Periode des Sterns beträgt wahrscheinlich etwas über 300^d.

2568. **S 4383 Aql** Mira-Stern; $14^m_{\cdot}8-[17^m_{\cdot}2$.

$M = 242\ 5529 + 114^d \cdot E.$

Max.	Gr.	*E*	*B–R*	Max.	Gr.	*E*	*B–R*
242 5535	$15^m_{\cdot}7$	0	$+6^d$	242 6898	$15^m_{\cdot}2$	12	$+1^d$
5866	15.6	3	— 5	7240	14.8	15	+ 1
6207	15.6	6	— 6	243 1326	15.7	51	—17
6481	15.2	8	+40	1670	15.7	54	—15

Die Maxima sind teilweise nur durch Einzelbeobachtungen belegt.

2569. **KQ Aql** Halbregelmäßig; $11^m_{\cdot}2-13^m_{\cdot}4$.

$M = 242\ 5449 + 164^d_{\cdot}2 \cdot E.$

Max.	Gr.	*E*	*B–R*	Max.	Gr.	*E*	*B–R*
242 5465	$11^m_{\cdot}4$	0	$+16^d$	242 8720	$\overline{\text{m}}$	20	-13^d
5809	11.2	2	+32	243 1029	11.6	34	— 3
6122	11.4	4	+16	1374	11.6	36	+14
6247	11.9	5	—23	1650	11.6	38	—39
6594	11.9	7	— 4	3514	11.9	49	+19
6915	11.6	9	—12	3840	12.3	51	+17
7240	11.4	11	—15				

Der Stern zeigt starke Unregelmäßigkeiten der Periode. Das Maximum *E* 20 ist aus KE 1943 entnommen.

2570. **S 4384 Aql** Mira-Stern; $14\overset{m}{.}8$—[$16\overset{m}{.}8$.
$M = 242\,5533 + 146^{d} \cdot E.$

Max.	Gr.	E	$B-R$
242 5535	$14\overset{m}{.}8$	0	+ 2^{d}
5827	15.5	2	+ 2
6125	15.3	4	+ 8
6540	14.8	7	−15
243 1670	14.8	42	+ 5

Die Lichtkurve ist stark veränderlich. Die hellen Maxima sind erheblich spitzer als die schwachen. Vom Maximum E 0 liegt nur eine Einzelbeobachtung vor.

2571. **S 4385 Aql** Mira-Stern; $13\overset{m}{.}3$—[$16\overset{m}{.}1$.
$M = 242\,9459 + 170^{d} \cdot E.$

Max.	Gr.	E	$B-R$
242 9460	$14\overset{m}{.}9$	0	$+1^{d}$
243 1326	13.3	11	−3
1670	13.8	13	+1

Vom Maximum E 0 liegt nur eine Einzelbeobachtung vor.

2572. **S 4386 Aql** Wahrscheinlich raschwechselnd; $13\overset{m}{.}8$—$15\overset{m}{.}0$.
Für den Stern stehen nur 12 Platten zur Verfügung. Die Helligkeit $15\overset{m}{.}0$ kommt nur einmal vor, auf 7 Platten ist er zwischen $14\overset{m}{.}2$ und $14\overset{m}{.}4$ und auf 4 Platten $13\overset{m}{.}8$ bis $14\overset{m}{.}0$. Rasche Helligkeitsänderungen: $0\overset{m}{.}8$ in 2^{d}, $0\overset{m}{.}6$ in 1^{d}.

2573. **S 4387 Aql** Unbekannt; $15\overset{m}{.}4$—[$17\overset{m}{.}5$.
Über den Lichtwechsel des Sterns kann auf Grund des geringen Beobachtungsmaterials nichts ausgesagt werden.

2574. **S 4388 Aql** Langperiodisch; $14\overset{m}{.}8$—$16\overset{m}{.}8$.
Von dem Stern wurden 3 Maxima bei *J.D.* 242 5420 ($14\overset{m}{.}8$), 242 6925 ($14\overset{m}{.}8$) und 243 1660 sicher beobachtet. Andere hellere und schwächere Beobachtungen liegen auf dem auf- bzw. absteigenden Ast der Lichtkurve. Sie lassen jedoch eine Bestimmung von weiteren Maxima nicht zu. Vermutlich liegt die Periode des Sterns etwa bei 150^{d}. Die Zugehörigkeit des Veränderlichen zum Mira-Typ ist nicht ausgeschlossen.

2575. **ER Aql** Mira-Stern; $11\overset{m}{.}8$—$16\overset{m}{.}3$.
$M = 242\,5436 + 338^{d} \cdot E.$

Max.	Gr.	E	$B-R$
242 5428	$11\overset{m}{.}8$	0	− 8^{d}
5775	12.0	1	+ 1
6120	12.1	2	+ 8
6465	12.0	3	+15
243 3535	12.5	24	−13
3885	12.1	25	− 1

Auch die von ESCH beobachteten Maxima (BZ 1928, Nr. 46) *J. D.* 242 5087 und 242 5431 folgen den oben angeführten Elementen.

2576. **S 4389 Aql** Wahrscheinlich raschwechselnd; $15^{m}.5$—$16^{m}.5$.
Für die Beobachtung dieses Sterns standen nur 11 Platten zur Verfügung. Die Verteilung der Helligkeiten spricht für raschen Lichtwechsel.

2577. **S 4391 Aql** Algol-Stern; $14^{m}.7$—$15^{m}.6$.
Es wurden nur vier Minima gefunden:

242 5798.444 : $15^{m}.3$
6889.484 : $15^{m}.6$:
243 1027.289 : $15^{m}.2$:
1652.462 : $15^{m}.3$

2578. **S 4392 Aql** Mira-Stern; $15^{m}.8$—[$17^{m}.5$.
$M = 242\,5808 + 168.5^{d} \cdot E.$

Max.	Gr.	*E*	*B—R*
242 5809	$15^{m}.9$	0	$+1^{d}$
6481	15.8	4	—1
243 1029	16.4	31	—2
1371	16.2	33	+2

2579. **S 4393 Aql** Mira-Stern; $16^{m}.2$—[$17^{m}.4$
$M = 242\,5882 + 343^{d} \cdot E.$

Max.	Gr.	*E*	*B—R*
242 5889	$16^{m}.5$	0	$+7^{d}$
6213	16.5	1	—12
243 1029	16.7	15	+ 2
1374	16.2	16	+ 4

Der Stern ist auf einem großen Teil der Platten nicht sichtbar.

2580. **S 4394 Aql** Mira-Stern; $14^{m}.7$—[$17^{m}.0$.
$M = 242\,5478 + 173^{d}.5 \cdot E.$

Max.	Gr.	*E*	*B—R*	Max.	Gr.	*E*	*B—R*
242 5475	$15^{m}.7$	0	-3^{d}	242 6865	$15^{m}.8$	8	-1^{d}
5832	15.7	2	+ 7	243 1029	15.7	32	—1
6157	15.7	4	—15	1374	14.7	34	—3
6534	16.2	6	+15				

2581. **337.1936 Aql** Mira-Stern; $13^{m}.3$—[$15^{m}.7$.
$M = 242\,6482 + 210^{d}.5 \cdot E.$

Max.	Gr.	*E*	*B—R*
242 6484	$13^{m}.5$	0	$+2^{d}$
6898	13.3	2	—5
243 1326	13.7	23	+3

Der Stern ist randnah und daher auf einem Teil der Platten nicht sichtbar. Die Maxima der Epochen $E{-1}$ und $E4$ sind durch Einzelbeobachtungen angedeutet.

2582. **Ross 309 Aql** Mira-Stern; $13^{m}.2$–[$16^{m}.5$.

Der Stern ist sehr randnah, so daß er nur auf wenigen Platten beobachtet werden konnte. Nach den Maxima *J.D.* 2426570; $13^{m}.8$ und *J.D.* 2431325; $13^{m}.2$ sowie auf Grund von schwachen Einzelbeobachtungen liegt seine Periode wahrscheinlich bei 366^{d}.

2583. **339.1936 Aql** Mira-Stern; $15^{m}.4$–[$16^{m}.4$.

$M = 242\,5538 + 289^{d}.5 \cdot E.$

Max.	Gr.	*E*	*B–R*
242 5535	$15^{m}.4$	0	-3^{d}
5832	15.4	1	+5
7273	15.4	6	−2
143 1326	15.4	20	−2

Der Stern ist auf einem großen Teil der Platten nicht sichtbar.

2584. **S 4395 Aql** Mira-Stern; $13^{m}.6$–[$16^{m}.8$.

Der Stern ist auf den A-Platten nicht sichtbar. Auf den GA-Platten konnten zwei Maxima bei *J.D.* 2429460 ($13^{m}.6$) und 2431650 ($13^{m}.6$) beobachtet werden. Eine Bestimmung der Elemente ist jedoch nicht möglich. Auf Grund einiger schwächerer Einzelbeobachtungen liegt vermutlich die Periode bei 310^{d}.

2585. **S 4396 Aql** Mira-Stern; $16^{m}.2$–[$17^{m}.3$.

$M = 242\,5888 + 320^{d} \cdot E.$

Max.	Gr.	*E*	*B–R*
242 5889	$16^{m}.7$	0	$+1^{d}$
6207	16.9	1	−1
243 1647	16.2	18	−1

Der Stern ist auf den meisten Platten nicht sichtbar.

2586. **S 4397 Aql** Mira-Stern; $15^{m}.5$–[$17^{m}.4$.

$M = 242\,5885 + 339^{d} \cdot E.$

Max.	Gr.	*E*	*B–R*
242 5889	$15^{m}.5$	0	$+4^{d}$
6898	15.6	3	−4
243 1649	15.5	17	+1

Die Maxima sind spitz.

2587. **S 4398 Aql** Mira-Stern; $16^{m}.0$–[$17^{m}.8$.

$M = 242\,5851 + 148^{d} \cdot E.$

Max.	Gr.	*E*	*B–R*
242 5851	$16^{m}.0$	0	0^{d}
6594	16.4	5	+3

Max.	Gr.	E	$B-R$
243 1029	$16^m_{\cdot}3$	35	-2^d
1326	16.0	37	-1

Von den Maxima liegen nur Einzelbeobachtungen vor. Auf den meisten Platten ist der Stern nicht sichtbar.

2588. **S 4401 Aql** μ Cephei-Stern; $14^m_{\cdot}2-15^m_{\cdot}7$.

Der Stern zeigt einen vollkommen regellosen langsamen Lichtwechsel. Stellenweise treten Wellen mittlerer Länge auf. Die Amplitude der einzelnen Kurvenstücke beträgt höchstens $0^m_{\cdot}8$. Über die Farbe des Sterns kann keine Aussage gemacht werden.

2589. **S 4402 Aql** Mira-Stern? $15^m_{\cdot}5-[16^m_{\cdot}3$.

Von diesem Stern liegen nur Beobachtungen in vier Zeitabschnitten vor:

242 9460 : $16^m_{\cdot}2$
243 0496 : 15.9
0883/90: von $16^m_{\cdot}15$ auf $15^m_{\cdot}85$ ansteigend
1647/52: $15^m_{\cdot}5-15^m_{\cdot}6$.

Auf den übrigen Platten ist der Stern $[16^m_{\cdot}3$.

2590. **S 4403 Aql** Unregelmäßig; $14^m_{\cdot}9-16^m_{\cdot}5$.

Die Lichtkurve des Sterns verläuft völlig regellos. Teilweise treten spitze Maxima auf. Stillstände oder rasche Helligkeitsänderungen wurden nicht beobachtet. Die geringe Anzahl von Beobachtungen erlaubt keine genaue Klassifikation.

2591. **S 4404 Aql** Mira-Stern; $15^m_{\cdot}3-[17^m_{\cdot}2$.

$M = 242\,5799 + 192^d \cdot E$.

Max.	Gr.	E	$B-R$
242 5792	$15^m_{\cdot}3$	0	-7^d
6178	15.8	2	-5
6575	15.8	4	$+8$
6946	15.8	6	-5
243 1374	15.8	29	$+7$

Die Maxima sind in ihrer Form verschieden.

2592. **Ross 314 Aql** Mira-Stern; $13^m_{\cdot}7-[16^m_{\cdot}5$.

Der Stern liegt auf den A-Platten außerhalb des Feldes. Er ist also nur auf 12 GA-Platten zu beobachten. Zwei Maxima wurden bei

J.D. 243 1325 und
1652 festgestellt.

Die Periode beträgt wahrscheinlich etwa 330^d.

2593. **S 4405 Aql** μ Cephei-Stern; $15^m_{\cdot}7-16^m_{\cdot}5$.

Die Lichtkurve des Sterns verläuft regellos. Stellenweise treten auch langsame flache Wellen auf.

594. **S 4406 Aql** Mira-Stern ? $15\overset{m}{.}9$—[$16\overset{m}{.}8$.

Der Stern ist nur in vier kurzen Zeitabschnitten zu beobachten:

242 9496 : $16\overset{m}{.}7$
243 0177 : 16.0
0998/1029 : 6 Platten von $16\overset{m}{.}3$ auf $15\overset{m}{.}9$ ansteigend
1317/1326 : 16 Platten $16\overset{m}{.}5$ bzw. $16\overset{m}{.}6$.

Auf den übrigen Platten liegt seine Helligkeit unter dem Schwellenwert. Die Form der Lichtkurve 0998/1029 läßt Mira-Veränderlichkeit vermuten.

595. **S 4409 Aql** Halbregelmäßig; $15\overset{m}{.}6$—[$17\overset{m}{.}0$.
$M = 242\,5790 + 102\overset{d}{.}8 \cdot E$.

Max.	Gr.	E	$B-R$	Max.	Gr.	E	$B-R$
242 5800	$15\overset{m}{.}9$	0	$+10^{d}$	242 6945	$15\overset{m}{.}7$	11	$+24^{d}$
6207	15.9	4	+ 6	243 1326	16.0	54	−15
6481	15.7	7	−29	1670	15.6	57	+20
6594	16.0	8	−18				

Der Stern zeigt starke Abweichungen in der Periode.

2596. **116.1935 Aql** Langsam veränderlich; $11\overset{m}{.}7$—$12\overset{m}{.}7$.

Die Verteilung der Aufnahmen ist für diesen Stern recht ungünstig. Es wurden einige Wellen von 50^{d}—60^{d} Länge und einer Amplitude von $0\overset{m}{.}6$ beobachtet. Eine Periodizität besteht jedoch anscheinend nicht. Auf den zur Verfügung stehenden 14 Matter-Platten schwankt die Helligkeit zwischen $12\overset{m}{.}0$ und $13\overset{m}{.}7$.

2597. **S 4413 Aql** Z Aquarii-Stern; $15\overset{m}{.}0$—$17\overset{m}{.}1$.
$M = 242\,5476 + 347^{d} \cdot E$.

Max.	Gr.	E	$B-R$
242 5445	$16\overset{m}{.}2$	0	-31^{d}
5815	15.9	1	− 8
6213	15.8	2	+43
6514	15.0	3	− 3
243 1029	15.4	16	+ 1

Der Stern zeigt größere Unregelmäßigkeiten in der Periode.

2598. **S 4414 Aql** RV Tauri-Stern; $15\overset{m}{.}1$—$16\overset{m}{.}5$.
$m = 242\,5839 + 110\overset{d}{.}6 \cdot E$.

Min.	Gr.	E	$B-R$
242 5840	$16\overset{m}{.}0$	0	$+ 1^{d}$
6160	16.1	3	−11
6509	16.5	6	+ 6
6620	16.4	7	+ 7
243 1029	16.5	47	− 8
1374	16.4	50	+ 5

Die Lichtkurve des Sterns zeigt gut ausgeprägte Minima.

2599. S 4415 Aql Mira-Stern; $14\overset{m}{.}1$—[$16\overset{m}{.}$.

$m = 242\,5473 + 259^d \cdot E.$

Max.	Gr.	E	$B-R$	Max.	Gr.	E	$B-R$
242 5465	$14\overset{m}{.}5$	0	-8^d	243 0130	$14\overset{m}{.}6$	18	-5^d
6247	14.3	3	−3	1680	14.8	24	− 9
6510	14.9	4	+1	3514	14.1	31	+12
9108	14.8	14	+9				

Die angegebenen Maxima beruhen meist nur auf Einzelbeobachtungen.

2600. S 4416 Aql Mira-Stern; $15\overset{m}{.}1$—[$17\overset{m}{.}5$.

$M = 242\,6229 + 139 \cdot E.$

Max.	Gr.	E	$B-R$
242 6225	$15\overset{m}{.}3$	0	-4^d
6505	15.1	2	−2
1374	16.0	37	+2
1652	15.2	39	+2

Die Maxima sind spitz.

2601. S 4418 Aql Langperiodisch; $14\overset{m}{.}7$—$17\overset{m}{.}2$.

$M = 242\,6516 + 143^d\, E.$

Max.	Gr.	E	$B-R$
242 6540	$14\overset{m}{.}7$	0	$+24^d$
7640	14.8	8	−20
243 1374	15.0	34	− 4
1660	14.8	36	− 4
3525	14.8	49	+ 2

Bei dem Stern treten stellenweise größere Abweichungen in der Periode auf.

2602. S 4419 Aql Mira-Stern; $14\overset{m}{.}4$—[$16\overset{m}{.}6$.

$M = 242\,8342 + 244^d \cdot E.$

Max.	Gr.	E	$B-R$
242 8335	$14\overset{m}{.}9$	0	-7^d
9815	14.4	6	+9
0545	15.0	9	+7
1022	14.8	11	−4
1265	15.1	12	−5

Vom Max. $E\,7$ liegen nur zwei Abstiegsbeobachtungen vor. Max. $E\,3$ kommt nicht über $15\overset{m}{.}8$.

2603. S 4422 Aql Mira-Stern; $15\overset{m}{.}1$—[$17\overset{m}{.}0$.

$M = 242\,5495 + 165^d \cdot E.$

Max.	Gr.	E	$B-R$
242 5503	$15\overset{m}{.}2$	0	$+8^d$
6149	15.6	4	−6
6481	15.4	6	−4
6648	15.1	7	−2
7639	15.8	13	−1
9460	15.4	24	+5

Vom Maximum $E\,13$ und $E\,24$ liegt nur je eine Einzelbeobachtung vor.

2604. Ross 318 Aql Langperiodisch; $12^{\mathrm{m}}9$—[$16^{\mathrm{m}}0$.

$$M = 242\,5506 + 342^{\mathrm{d}} \cdot E.$$

Max.	Gr.	*E*	*B—R*	Max.	Gr.	*E*	*B—R*
242 5492	$13^{\mathrm{m}}7$	0	-14^{d}	242 6890	$12^{\mathrm{m}}9$	4	$+16^{\mathrm{d}}$
5850	13.7	1	+ 2	7235	13.8	5	+19
6181	13.9	2	− 9	243 1325	13.3	17	+ 5
6530	13.6	3	− 2	1650	13.2	18	−12

Während der Maxima $E = 0, 1$ und 3 treten rasche sekundäre Helligkeitsänderungen bis zu $0^{\mathrm{m}}7$ auf. Die absteigenden Äste verlaufen glatt, soweit sie beobachtet werden konnten, auch das flache Maximum $E = 2$ zeigt keine sekundären Lichtschwankungen.

2605. QT Aql Mira-Stern; $12^{\mathrm{m}}9$—[$15^{\mathrm{m}}5$.

$$M = 242\,5538 + 158^{\mathrm{d}} \cdot E.$$

Max.	Gr.	*E*	*B—R*	Max.	Gr.	*E*	*B—R*
242 5535	$13^{\mathrm{m}}4$	0	-3^{d}	242 7599	—	13	$+7^{\mathrm{d}}$
5858	12.9	2	+ 4	7750	—	14	0
6185	12.9	4	+15	7912	—	15	+ 4
6484	12.9	6	− 2	8064	—	16	− 2
6946	13.4	9	−14	243 1370	$12^{\mathrm{m}}9$	37	−14
7276	12.9	11	0				

Die Maxima $E = 11$, 13, 14, 15 und 16 wurden von M. BEYER (AN 259, 103) und E. ESCH (AN 256.313) beobachtet.
Eine helle Einzelbeobachtung ($13^{\mathrm{m}}4$) am Beginn der Reihe liegt nach den Elementen auf dem absteigenden Ast der Epoche −1 (30^{d} nach dem Maximum)

Feld $20^{\mathrm{h}}\,18^{\mathrm{m}} + 30^{\circ}$

E. AHNERT-ROHLFS

2606. S 4475 Vul Bedeckungsveränderlicher; $11^{\mathrm{m}}7$—$12^{\mathrm{m}}1$
Dieser Stern des erweiterten Felderplans ist wegen seiner Lage nahe des Plattenrandes, seiner geringen Amplitude und des Mangels an passenden Vergleichssternen nur schwer zu schätzen. Die Verteilung der Helligkeiten spricht für Bedeckungslichtwechsel.

2607. DG Vul δ Cephei-Stern; $12^{\mathrm{m}}8$—$14^{\mathrm{m}}4$.
Die von WACHMANN (Erg. A.N. 11 Nr. 5, 1948) für diesen Stern gegebenen Elemente:

$$M = 242\,8427.19 + 13^{\mathrm{d}}.6045 \cdot E$$

ändern sich durch Hinzunahme von fünf weiteren Maxima zu

$$M = 224\,8427.10 + 13^{\mathrm{d}}.6116 \cdot E.$$

Die Beobachtungen werden dann wie folgt dargestellt:

Max.	*E*	*B—R*
242 8087.01	− 25	$+0^{\mathrm{d}}.20$
8400.08	− 2	+0.20
8753.68	+ 24	−0.10
9189.04	+ 56	−0.31
9516.42:	+ 80	+0.39

Max.	E	$B-R$
242 9965.30	+113	$+0^d.09$
243 0169.46	+128	+0.08
0319.30	+139	+0.19
0550.48	+156	−0.03
0999.37	+189	−0.32
1352.34:	+215	−0.25

Die als unsicher bezeichneten Beobachtungen wurden bei der Ausgleichung nicht berücksichtigt.

2608. S 4476 Cyg Kurzperiodisch; $14^m.8-15^m.9$.

Dieser Stern ist nur auf Platten des 400 mm-Astrographen sichtbar und zeigt auf den Reihenaufnahmen raschen Lichtwechsel. Die Steilheit der beobachteten Auf- und Abstiegsstücke läßt RR Lyrae-Lichtwechsel von ungefähr $0^d.5$ Periode vermuten. Die Spärlichkeit des Materials läßt keine weitere Bestimmung zu, zumal auch pointierte Maxima nicht zu beobachten sind.

2609. S 3843 Cyg μ Cephei-Stern; $11^m.7-12^m.8$.

Unregelmäßige Wellen charakterisieren den Lichtwechsel dieses rötlichen Sterns. Längere Stillstände und rasche Helligkeitsschwankungen wurden nicht beobachtet. Die obigen Größenangaben beziehen sich auf Kranz-Ultra-Platten. Auf Matter- und Agfa-Astro-Platten ist der Stern $0^m.8$ schwächer.

2610. S 4477 Vul Kurzperiodisch; $13^m.7-14^m.5$.

Die Helligkeit dieses Sterns liegt auf 43 von den 45 zur Verfügung stehenden Platten zwischen $14^m.05$ und $14^m.46$. Auf zwei Platten ist er heller und zwar:

243 0520.472	$13^m.79$
0587.422	13.66.

Die Beobachtungen lassen kurzperiodischen Lichtwechsel vermuten. Über die Farbe des Sterns ist nichts bekannt.

2611. S 3844 Cyg Halbregelmäßig; $13^m.8-15^m.6$.

Für die Zeit von 2427500—2430200 läßt sich der Lichtwechsel durch

$$M = 242\,7495 + 264^d \cdot E$$

darstellen.

Max.	Gr.	E	$B-R$
242 7544	$13^m.77$	0	$+49^d$
8008	13.94	2	−15
8248	14.37	3	−39
9097	14.50	6	+18
9580	14.30	8	−27
243 0149	14.83	10	+14

Die auf die angegebene Reihe folgenden Maxima 2430550 ($14^m.7$) und 31020 ($14^m.5$) folgen nicht mehr den Elementen. Später erscheint der Lichtwechsel so abgeflacht, daß keine definierten Maxima mehr bestimmt werden konnten. Auf Matter-Platten ist der Stern $0^m.6$ schwächer als auf Kranz-Ultra.

2612. S 4478 **Cyg** Langsam veränderlich; $14^m.5-16^m.6$.
Aus dem vorhandenen Beobachtungsmaterial läßt sich eine Periodizität nicht nachweisen. Der Stern zeigt ein flaches Maximum 2430200 und wird wieder hell beobachtet zwischen 2431000 und 1350. Er ist schwach 242 9550, 990, 243 0550, 1600. Die Erscheinungen vor 2431350 lassen sich mit einer Periode von ungefähr 500^d darstellen, zu der das Minimum (7 Beobachtungen) zwischen 31590 und 31655 nicht paßt. Der Stern ist rötlich.

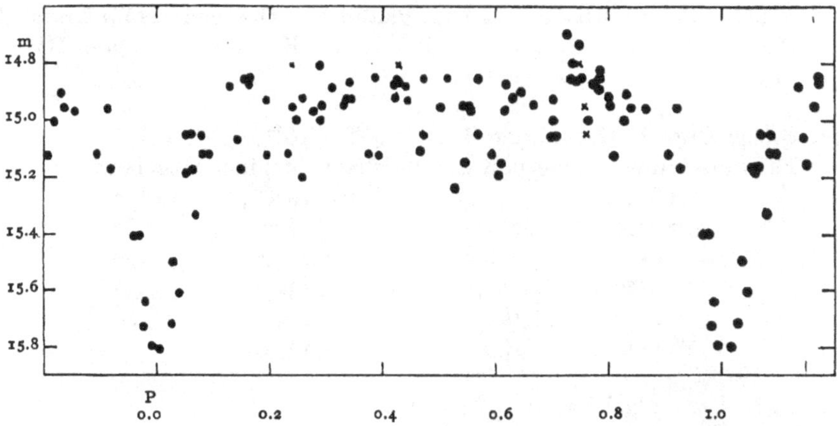

S 3845 Vulpeculae

2613. S 3845 **Vul** Algol-Stern; $14^m.9-15^m.7$.
$m = 243\,0260.497 + 2^d.76380 \cdot E.$
$D = 10^h.0.$

Min.	Gr.	E	$B-R$
243 0260.447	$15^m.6$	0	$-0^d.050$
0589.500	15.6	119	+0.111
1266.445	15.4	364	−0.075
1313.396	15.4	381	−0.109
1352.344	15.2	395	+0.146
1700.372	15.7	521	−0.065
1736.398	15.8	534	+0.032
2112.303	15.7	670	+0.060
3212.323	15.5	1068	+0.088

Ein Nebenminimum ist nicht angedeutet.

2614. S 3846 **Cyg** RV Tauri-Stern; $11^m.9-14^m.1$.
$m = 242\,7611 + 332^d \cdot E.$

Min.	Gr.	E	$B-R$
242 7612	$13^m.58$	0	$+ 1^d$
7950	12.94	1	+ 7
8284	13.88	2	+ 9

Min.	Gr.	E	$B-R$
242 9600	$13^m.50$	6	-3^d
9925	13.36	7	−10
243 0251	13.20	8	−16
0604	14.14	9	+ 5
0935	13.88	10	+ 4
1263	12.63	11	0

Die Nebenminima sind teils sehr flach, teils erreichen sie die Tiefe der Hauptminima. Der Stern ist auf MATTER-Platten $0^m.5$ schwächer als auf Kranz-Ultra-Platten. Trotz der langen Periode zeigt die Kurve ausgeprägten RV Tauri-Charakter.

2615. **S 3847 Cyg** U Geminorum-Stern; $14^m.8$—[$16^m.3$.
Es wurden drei sichere und ein unsicheres Maximum beobachtet:

242 8247.6	$14^m.63$:	242 1029.3	$14^m.79$
243 0516.5	15.12	1030.3	14.87
0519.5	15.15	1047.3	[15.60
0520.5	15.38	1313.4	[16.30
0546.5	[16.20	1345.4	15.25
1020.3	[16.12	1352.3	[16.20

2616. **V 486 Cyg** Algol-Stern; $14^m.2$—$16^m.0$.
Dieser Stern ist identisch mit dem von WACHMANN (BZ 22.10.1940) angezeigten Veränderlichen. WACHMANN findet für ihn die folgenden Elemente (Erg. A.N. 11 Nr. 5, 1948):

$$\text{Min.} = 242\,8098.455 + 7^d.70568 \cdot E.$$

Unter Heranziehung von zwei weiteren auf Sonneberger Platten gefundenen Minima ergeben sich durch Ausgleichung als neue Elemente:

$$\text{Min.} = 242\,8098.422 + 7^d.706555.$$

Die Verbesserung bleibt innerhalb der von WACHMANN gegebenen Fehlergrenzen. Die Beobachtungen stellen sich dann wie folgt dar:

Min.	E	$B-R$
242 8098.384	0	$-0^d.038$
8306.503	27	+0.004
8337.461	31	+0.136
8776.382	88	−0.217
8784.470	89	+0.165
8807.377	92	−0.048
9516.420	184	−0.008
243 0587.422:	323	−0.217
1589.501	453	+0.010

Die als unsicher bezeichnete Sonneberger Beobachtung wurde bei der Ausgleichung fortgelassen.

2617. **S 3848 Cyg** μ Cephei-Stern; $13^m.7$—$14^m.5$.
Der Lichtwechsel dieses Sterns ist völlig unregelmäßig. Änderungen um $0^m.5$—$0^m.8$ erfolgen in Zeitabschnitten von 10 bis 100^d. Auf Kranz-Ultra-Platten etwa $0^m.3$ heller als auf MATTER-Platten.

2618. S 4480 Cyg Mira-Stern; $13^m.2$—$16^m.6$.
$M = 242\,9519 + 367^d \cdot E$.

Max.	Gr.	E	$B-R$
242 9508	$14^m.2$	0	-11^d
9880	13.3	1	− 6
243 0260	14.0	2	+ 7
0620	14.0	3	0
0997	14.1	4	+10
1355	14.2	5	+ 1
1730	13.3	6	+ 9
2097	14.3	7	+ 9
3185	13.3	10	− 4
3540	13.5	11	−16

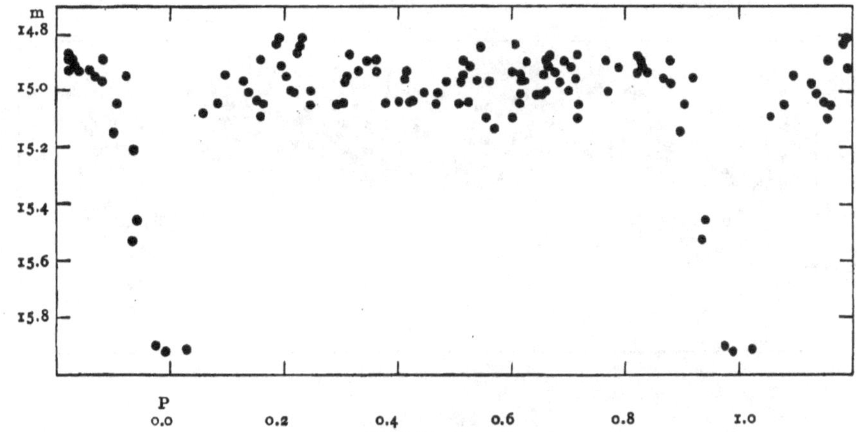

S 3849 Cygni

2619. S 3849 Cyg Algol-Stern; $14^m.95$—$15^m.92$.
$m = 243\,0546.502 + 4^d.74901 \cdot E$
$D = 20^d.0 \quad d = 0^m.0$.

Min.	Gr.	E	$B-R$
243 0546.452	$15^m.92$	0	$-0^d.050$
1325.505	15.91	164	+0.164
1610.459	15.38	224	+0.179
1700.372	[15.82	243	−0.139
1705.363	[15.80	244	+0.103
2118.307	15.90	331	−0.117
4250.417	15.50	780	−0.313
4250.456	15.52	780	−0.274

2620. S 3850 Cyg μ Cephei-Stern; $12^m.7$—$13^m.6$.
Die Helligkeit dieses Veränderlichen schwankt völlig regellos in Wellen der verschiedensten Länge und Amplitude. Stillstände von längerer Dauer wurden nicht beobachtet. Der Stern ist auf Kranz-Ultra-Platten nur wenig heller als auf MATTER-Platten.

2621. S 4481 Cyg Mira-Stern; $13^{m}.6$—[$16^{m}.4$.

$M = 243\,0136 + 382^{d} \cdot E.$

Max.	Gr.	E	$B-R$
243 0167	$14^{m}.97$	0	$+31^{d}$
1270	14.97	3	—12
1647	14.00	4	—17
2050	13.95	5	+ 4
3569	13.60	9	— 5

2622. S 3851 Cyg RW Aurigae-ähnlich; $14^{m}.1$—$15^{m}.3$.

Kennzeichnend für den Lichtwechsel dieses Sterns sind unregelmäßige Lichtschwächungen, wogegen keine merklichen Erhellungen zu beobachten waren. Die Schwächungen dauern oft mehrere Tage an und sind häufig. Der Fall scheint ähnlich wie BH Cephei zu liegen.

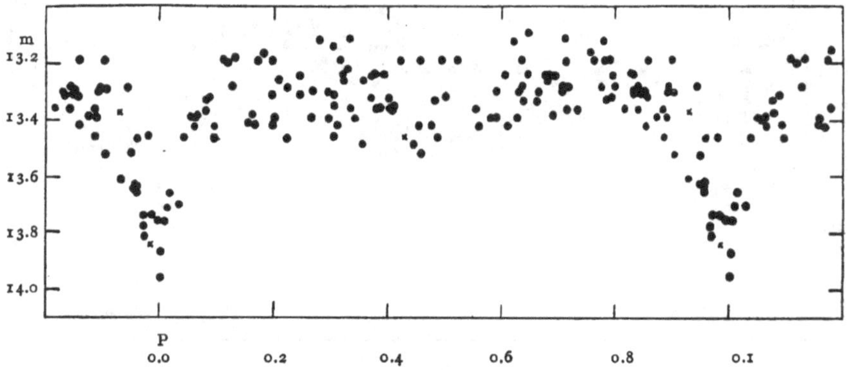

S 4482 Cygni

2623. S 4482 Cyg Algol-Stern; $13^{m}.3$—$13^{m}.8$.

$m = 242\,9516.400 + 1^{m}.46324 \cdot E.$

$D = 5^{h}.6.$

Min.	Gr.	E	$B-R$
242 9516.420	$13^{m}.6$	0	$+0^{d}.020$
243 0167.477	13.7	445	—0.065
0170.470	13.9	447	+0.002
0227.469	13.6	486	—0.066
0315.267	13.7	546	—0.062
0546.452	13.6	704	—0.069
0587.422	13.6	732	—0.070
1076.231	13.7	1066	+0.017
1266.445	13.8	1196	+0.010
1323.502	13.9	1235	+0.001
1345.426	13.7	1250	—0.024
1702.461	13.8	1494	—0.020
1705.363	13.8	1496	—0.044
3152.481	13.7	2485	—0.070

Min.	Gr.	E	$B-R$
243 3831.453	$13^m.7$	2949	$-0^d.042$
493	[13.7	2949	−0.002
3894.411	13.7	2992	−0.003
463	13.7	2992	+0.049

Ein Nebenminimum ist nicht angedeutet.

2624. S 3852 Cyg Algol-Stern; $12^m.4$—$12^m.7$.
$m = 243\,1020.343 + 2^d.04107 \cdot E$

Infolge der geringen Amplitude und der großen Streuung der Beobachtungen sind die Elemente nicht voll verbürgt. Die vier tiefsten Minima werden wie folgt dargestellt:

Min.	Gr.	E	$B-R$
243 1020.310	$12^m.65$	0	$-0^d.033$
1326.505	12.84	150	+0.002
1673.451	12.79:	320	−0.034
1763.285	12.70	364	−0.007

2625. V 489 Cyg μ Cephei-Stern; $11^m.8$—$13^m.1$.

Der Stern ist identisch mit dem von Wachmann (B.Z. 22.10. 1940) angezeigten Veränderlichen. Er ist unregelmäßig. Die Extremhelligkeiten treten nur selten auf. Häufig sind Lichtschwankungen mit einer Amplitude von $0^m.6$—$0^m.8$ und einer Periode von etwa 50^d sowie rasche Helligkeitsänderungen (bis $0^m.4$ innerhalb weniger Tage). Die raschen Änderungen sind auf Matter-Platten stärker ausgeprägt als auf Kranz-Ultra-Platten. Der Stern ist rötlich. Dieser Befund stimmt im wesentlichen mit den Angaben von Wachmann. (Erg. A.N. 11 Nr. 5, 1948) überein.

2626. S 3854 Cyg Raschwechselnd; $12^m.5$—$13^m.5$.

Der Stern ist raschwechselnd. Es ist nicht zu entscheiden, ob es sich um einen W Ursae- oder RRc-Stern handelt. δ Cephei-Charakter erscheint ausgeschlossen, da mehrere in je einer Nacht gewonnene Reihenaufnahmen rasche Auf- und Abstiegstücke zeigten (1^m in $0^d.1$). Alle Versuche, eine Periode abzuleiten, scheiterten. Es kommen sowohl zwischen den Maxima und den Minima Differenzen von nahe 2, 3, 7 und 8 Tagen vor, doch wurde der Stern auch bei einer Differenz von 4 und 7 Tagen einmal schwach und einmal hell beobachtet.

2627. S 3855 Cyg Mira-Stern; $12^m.8$—[$16^m.4$.
$M = 242\,9369 + 382^d \cdot E.$

Max.	Gr.	E	$B-R$
242 9374	$13^m.03$	0	$+5^d$
9755	13.10	1	+ 4
243 0130	13.20	2	− 3
0520	12.96	3	+ 5
0889	12.80	4	−11

Mx.	Gr.	E	$B-R$
243 1302	$13^m.40$	5	$+19^d$
2064	13.18	7	+15
2794	13.58	9	−21
3178	13.10	10	−20
3586	13.33	11	+ 5

2628. V 493 Cyg Algol-Stern; $12^m.8-13^m.3$.
Der Stern ist identisch mit dem von WACHMANN (B.Z. 22.10,1940) angezeigten Veränderlichen. WACHMANN gibt die folgenden Elemente (Erg. A. N. 11 Nr. 5, 1948):

$$m = 242\,9223.308 + 1^d.275068 \cdot E.$$

Unter Benutzung von weiteren 11 Minima, die auf Sonneberger Platten aus den Jahren 1939—1951 gefunden wurden, ergeben sich die neuen Elemente:

$$m = 242\,9223.319 + 1^d.275083 \cdot E.$$

Min.	E	$B-R$	Min.	E	$B-R$
242 8054.053	− 917	$-0^d.015$	243 1703.364	+1945	$+0^d.009$
8377.932	− 663	−0.007	1763.285	+1992	+0.001
8825.480	− 312	−0.013	2297.525	+2411	−0.019
9192.708	− 24	−0.009	2320.469	+2429	−0.027
9355.922	+ 104	−0.006	3186.330	+3108	+0.053
243 0169.464	+ 742	+0.033	3831.453	+3614	−0.016
0828.597	+1259	−0.051	3891.405	+3661	+0.007
1671.453	+1920	−0.025	3896.452	+3665	−0.046

2629. V 494 Cyg β Lyrae-Stern; $13^m.5-14^m.2$.
Dieser Stern ist identisch mit dem von WACHMANN (B.Z. 22.10, 1940) angezeigten Veränderlichen. Die von WACHMANN (Erg. A.N. 11 Nr. 5, 1948) gefundenen Elemente:

$$m = 242\,8775.425 + 1^d.794321 \cdot E$$

werden durch die folgenden, auf Sonneberger Platten gefundenen Minima bestätigt:

Min.	E	$B-R$
242 9498.544	403	+0.008
9516.420	413	−0.060
243 0546.452	987	+0.032
0589.500	1011	+0.016
1610.459	1580	+0.007
1671.453	1614	−0.006
3189.420	2460	−0.035
3887.457	2849	+0.011

2630. S 4483 Cyg Unbekannt; $14^m.8-15^m.8$.
Der Stern liegt außerhalb des eigentlichen Feldes, und das Beobachtungsmaterial läßt keine sichere Entscheidung über die Art des Lichtwechsels zu. Vermutlich handelt es sich um einen RR Lyrae-Stern. RW Aurigae-artiger Lichtwechsel ist weniger wahrscheinlich, aber nicht ausgeschlossen.

2631. **S 3858 Vul** μ Cephei-Stern; $12^{m}.8-14^{m}.3$.

Neben verschieden langen und verschieden geformten Wellen treten Stillstände auf, die $100-200^{d}$ dauern. Auf MATTER-Platten nur wenig schwächer als auf Kranz-Ultra.

2632. **V 469 Cyg** Algol-Stern; $12^{m}.8-13^{m}.5$.

Der Stern ist identisch mit dem von WACHMANN (B.Z. 22.10, 1940) angezeigten Veränderlichen. WACHMANN gibt für ihn die folgenden Elemente an (Erg. A.N. 11 Nr. 5, 1948):

$$m = 242\,8814.390 + 1^{d}.312480 \cdot E.$$

Auf Sonneberger Platten aus den Jahren 1936—1951 wurden 16 weitere Minima gefunden. Danach geben die Elemente:

$$m = 242\,8814.396 + 1^{d}.312516 \cdot E$$

eine bessere Darstellung.

Min.	*E*	*B–R*	
242 8369.438	–339	$-0^{d}.015$	A
8419.336	–301	+0.007	A
8419.370	–301	+0.041	W
8747.423	– 51	–0.035	A
8776.382	– 29	+0.049	W
8777.611	– 28	–0.035	W
8781.630	– 25	+0.047	W
8806.477	– 6	–0.044	W
8814.393	0	–0.003	W
8860.335	35	+0.001	W
9041.463	173	+0.002	W
9192.396	288	–0.005	W
9726.602	695	+0.007	A
9877.496	810	–0.038	A
243 0582.399	1347	+0.044	A
0603.355	1363	0.000	A
0960.409	1635	+0.049	A
0998.413	1664	–0.010	A
1313.396	1904	–0.030	A
1670.428	2176	–0.003	A
1712.408	2208	–0.023	A
2094.385	2499	+0.012	A
2292.552	2650	–0.011	A
3094.468	3261	–0.043	A
3186.330	3331	–0.057	A

W = WACHMANN
A = AHNERT

2633. **CH Vul** Mira-Stern; $12^{m}.1-16^{m}.0$.

KURZEMNIECE (B.L. 44) gibt für diesen Stern die Elemente:

$$M = 241\,3487 + 225^{d}.3 \cdot E.$$

Für den Beobachtungszeitraum 242 9500—243 650 wird der Lichtwechsel besser durch

$$M = 242\,9880 + 222^d \cdot E$$

dargestellt:

Max.	Gr.	E	$B-R$
242 9875	$12^m\!.07$	0	-5^d
243 0325	12.75	2	+1
0545	12.73	3	−1
0990:	12.85	5	0
1220:	12.85	6	+8
1652	12.11	8	−4

2634. **S 4484 Vul** Unveränderlich ? $15^m\!.2$.

Der Stern wurde auf einer Platte des 400 mm-Astrographen $15^m\!.07$ geschätzt, auf den übrigen 43 Platten zwischen $15^m\!.15$ und $15^m\!.32$. Auf Triplet-Platten liegen die Helligkeiten im allgemeinen zwischen $15^m\!.20$ und $15^m\!.44$. Als Extremhelligkeiten wurden dabei einmal $15^m\!.15$ und einmal $15^m\!.54$ beobachtet. Auch diese Werte liegen noch nahezu im Streubereich, da der Stern auf Triplet-Platten durch Zusammenfließen mit den Nachbarsternen schwer zu schätzen ist. So ist der Stern vorerst besser als unveränderlich anzusehen.

2635. **S 3860 Vul** Bedeckungsstern; $12^m\!.7$—$13^m\!.9$.

Von diesem Bedeckungsstern wurden die folgenden Minima beobachtet:

Min.	Gr.	Min.	Gr.
242 6214.373	$13^m\!.53$	243 0632.315	$13^m\!.68$:
7394.288	13,79	1029.289	13.53
7683.372	13.53:	1329.448	13.40:
8717.449	13.68:	1650.475	13.35:
9071.471	13.99:	1710.396	13.40:
9109.429	13.53:	2064.489	13.40
9576.246	13.86	2112.303	13.68
243 0170.470	13.40	3152.481	13.6
0251.379	13.34:	3538.359	13.8
0376.248	13.34:	3887.404	13.5
0589.492	13.70:	3887.457	13.4:
0589.500	13.42	4251.431	(visuell)

Die Differenzen lassen sich genähert durch Perioden von $0^d\!.935$, $1^d\!.59$ und $2^d\!.49$ darstellen, die aber alle Widersprüche ergeben.

2636. **S 3861 Vul** Mira-Stern; $14^m\!.9$—[$16^m\!.9$.

$$M = 242\,9950 + 298^d \cdot E.$$

Max.	Gr.	E	$B-R$
242 9965	$15^m\!.43$	0	$+15^d$
243 0242	15.15	1	− 6
0533	15.20	2	−13
0828	14.90:	3	−16

Max.	Gr.	E	B-R
243 1712	$15^m.18$	6	-26^d
2063	15.63	7	+27
3212	15.22	11	−16
3830	14.95:	13	+ 6

Von den Maxima E 3, 7 und 13 liegt nur je eine Beobachtung vor.

2637. 726.1933 Vul Mira-Stern; $14^m.2$—[$16^m.2$.
Der Stern ist schlecht zu schätzen, da er auf den meisten Platten nicht klar von den Nachbarsternen zu trennen ist.

$$M = 242\,9964 + 303^d \cdot E.$$

Max.	Gr.	E	$B-R$
242 9965	$14^m.60$	0	$+ 1^d$
243 0264	14.20	1	− 3
0570	14.16	2	0
2094:	—	7	+ 9
3586:	—	12	−14

2638. S 4485 Cyg Mira-Stern; $14^m.1$—$17^m.2$.

$$M = 242\,9493 + 341^d \cdot E.$$

Max.	Gr.	E	$B-R$
242 9485	$14^m.2$	0	$- 8^d$
243 0185	14.1	2	+10
0505	14.8	3	−11
1200	14.7	5	+ 2
1550	14.4	6	+11
3250	14.0	11	+ 6
3578	14.3	12	− 7

2639. S 4486 Vul RR Lyrae-Stern; $15^m.0$—$16^m.7$.

$$M = 242\,9498.534 + 0.564498 \cdot E.$$
$$M - m = 0^d.197 \text{ Typus RRb.}$$

Max.	Gr.	E	$B-R$
242 9498.544	$15^m.05$	0	$+0^d.010$
243 0167.477	15.32	1185	+0.013
0319.297	15.05	1454	−0.017
0582.399	15.50	1920	+0.029
0587.422	15.27	1929	−0.029
1313.396	14.95	3215	+0.001
1352.344	15.15	3284	−0.001
1646.455	15.15	3805	+0.006
1655.501	15.39	3821	+0.020
3121.465	15.31	6418	−0.017
3242.301	15.10	6632	+0.016
3834.481	15.36	7681	+0.038
3887.457	—	7775	−0.049

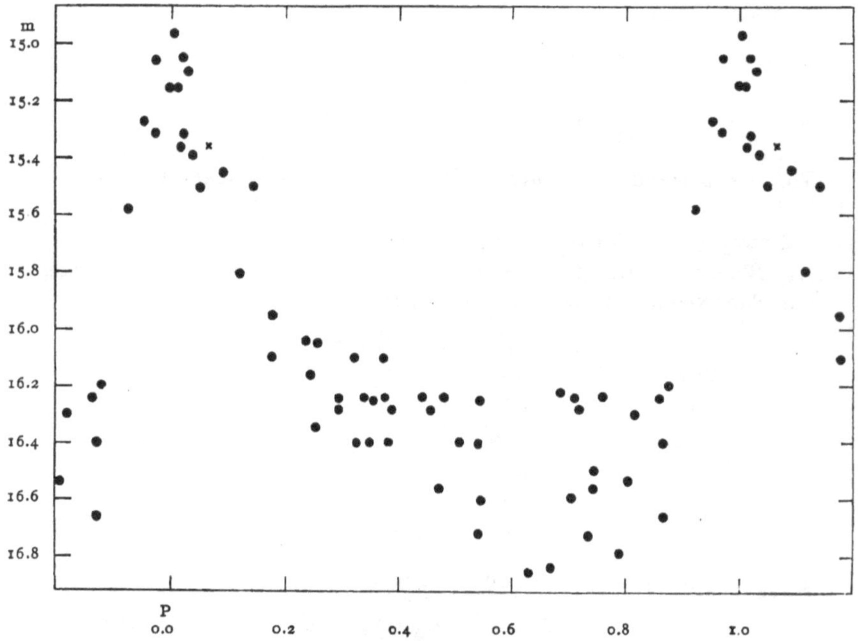

S 4486 Vulpeculae

2640. S 3862 Vul Halbregelmäßig; $14^m_{\cdot}1$—$16^m_{\cdot}0$.

Der Lichtwechsel dieses Veränderlichen folgt von 2429609—243534 den Elementen:

$$M = 242\,9609 + 185^d \cdot E,$$

von 2430824—2433248 den Elementen:

$$M = 243\,0824 + 202^d \cdot E.$$

Dazwischen scheint eine durchgreifende Störung stattgefunden zu haben. Die zweiten Elemente schließen sich den ersten nicht an.

Max.	Gr.	E	$B-R$
242 9600	$14^m_{\cdot}6$	0	$-\ 9^d$
9985	15.0	2	+ 6
243 0175	14.7	3	+11
0525	14.7	5	− 9
0825	14.1	0	+ 1
1015	14.9	1	−11
1225:	14.4	2	− 3
1650	14.1	4	+18
2025:	14.1	6	−11
3250	14.1	12	+ 2

Die Maxima bei 2431225 und 2431650 sind auffallend breit. Der Stern ist 1350 noch hell und 1590 schon wieder im Aufstieg, so daß für das Maximum $E\,3$ und die beiden Minima nur ein durch Beobachtungen nicht belegter Zeitabschnitt von 240^d bleibt.

2641. **S 4487 Cyg** Mira-Stern; $14\overset{m}{.}0$—[$16\overset{m}{.}4$.

$M = 243\,0199 + 363^{d} \cdot E.$

Max.	Gr.	E	$B-R$
243 0200	$14\overset{m}{.}00$	0	$+1^{d}$
0558	14.00	1	−4
1290	14.24	3	+2
1655	14.08	4	+4

2642. **S 4488 Vul** Langperiodisch; $15\overset{m}{.}1$—[$16\overset{m}{.}2$.

Die etwas lückenhaften Beobachtungen des außerhalb des Feldes der Triplet-Platten liegenden Veränderlichen lassen sich widerspruchslos durch

$$M = 242\,9974 + 342^{d} \cdot E$$

darstellen.

Max.	Gr.	E	$B-R$
242 9965	$15\overset{m}{.}4$	0	-9^{d}
243 0315	15.3	1	+ 1
1020	15.1	3	+20
1345	15.2	4	+ 3
1655	15.5	5	−29

Eventuell Z Aquarii-Stern.

2643. **V 505 Cyg** β Lyrae-Stern; $11\overset{m}{.}7$—$12\overset{m}{.}4$.

Dieser Stern ist identisch mit dem von Wachmann (B.Z. 22.10, 1940) angezeigten Veränderlichen. Wachmann findet für ihn aus Platten von Oktober 1935—Oktober 1938 die folgenden Elemente (Erg. A.N. 11 Nr. 5, 1948).

$$m = 242\,8099.431 + 0\overset{d}{.}6676652 \cdot E.$$

Durch Heranziehung von 15 weiteren Minima, die auf Sonneberger Platten von Sept. 1940—Sept. 1951 gefunden wurden, ergeben sich die Elemente:

$$m = 242\,8099.426 + 0\overset{d}{.}6676720 \cdot E.$$

Min.	E	$B-R$	
242 8097.444	−3	$+0\overset{d}{.}021$	W
8099.441	0	+0.015	W
8247.654	222	+0.005	W
8336.454	355	+0.004	W
8338.452	358	−0.001	W
8366.470	400	−0.025	W
8784.470	1026	+0.013	W
8806.476	1059	−0.015	W
8859.216	1138	−0.021	W
8865.230	1147	−0.016	W
9160.369	1589	+0.012	W
9166.374	1598	+0.008	W
9170.361	1604	−0.011	W
9192.396	1637	−0.009	W

Min.	E	B-R	
242 9194.416	1640	+0^d.008	W
9879.450	2666	+0.010	A
243 0546.452	3665	+0.008	A
1229.504	4688	+0.032	A
1233.493	4694	+0.015	A
1647.465	5314	+0.030	A
1671.453	5350	−0.018	A
1762.310	5486	+0.035	A
1936.524	5747	−0.013	A
2089.445	5976	+0.011	A
2354.468	6373	−0.032	A
3178.413	7607	+0.006	A
3558.313	8176	+0.001	A
3887.457	8669	−0.018	A
3891.461	8675	−0.020	A
3895.444	8681	−0.043	A

W = Wachmann
A = Ahnert

2644. S 4489 Vul Mira-Stern; 13^m.7—[17^m.0.
$M = 242\,9494 + 276^d \cdot E.$

Max.	Gr.	E	B−R
242 9498	14^m.62	0	+ 4^d
243 0317	14.17	3	− 5
243 0589	14.34	4	− 9
0848	14.74	5	−26
1710	13.72	8	+ 8
2797	13.97	12	− 9
3094	14.57	13	+12

2645. S 4490 Cyg Mira-Stern; 15^m.3—[16^m.6.
$M = 242\,9494 + 371^d \cdot E.$

Max.	Gr.	E	B−R
242 9498	15^m.34	0	+ 4^d
9879	15.54	1	+14
243 0235	15.50	2	− 1
0587	15.25	3	−20
0999	16.03	4	+21
1334	15.50	5	−15

2646. S 4491 Vul μ Cephei-Stern; 14^m.4—15^m.0.
Dieser Veränderliche hat einen ziemlich unruhigen Lichtwechsel bei kleiner Amplitude. Die Länge der einzelnen Wellen beträgt zeitweilig nur 30^d, die Amplitude der Einzelschwingungen 0^m.2—0^m.3. Auf Kranz-Ultra-Platten 0^m.4—0^m.5 heller als auf Matter-Platten.

2647. **S 4492 Vul** Langperiodisch; $13\overset{\mathrm{m}}{.}5$—$15\overset{\mathrm{m}}{.}5$.

Von diesem außerhalb des eigentlichen Feldes liegenden Stern stehen nur 40 Beobachtungen zur Verfügung, die die Bestimmung der Periode des Sterns nicht zulassen. Die Beobachtungen sprechen stark für Z Aquarii-Typ.

2648. **S 3864 Cyg** Mira-Stern; $15\overset{\mathrm{m}}{.}1$—[$17\overset{\mathrm{m}}{.}2$.

$M = 242\,9850 + 195^{d} \cdot E.$

Max.	Gr.	E	$B-R$
242 9878	$16\overset{\mathrm{m}}{.}1$	0	$+28^{d}$
243 0227	15.7	2	−13
0848	15.4	5	+23
1020	15.1	6	0
1610	15.5	9	+ 5

Von E 0 und E 5 liegen nur Abstiegsbeobachtungen vor.

2649. **732.1933 Vul** Z Aquarii-Stern; $15\overset{\mathrm{m}}{.}0$—$16\overset{\mathrm{m}}{.}4$.

Da der Veränderliche außerhalb des Feldes der Triplet-Platten liegt, stehen nur wenige Platten des 400/1600 mm-Astrographen zur Ableitung der Elemente zur Verfügung.

$M = 242\,9914 + 151^{d} \cdot E.$

Max.	Gr.	E	$B-R$
242 9915	$15\overset{\mathrm{m}}{.}0$	0	$+ 1^{d}$
243 0220	15.1	2	+ 4
0375	15.1	3	+ 8
0515	15.3	4	− 3
0980	15.1	7	+ 9
1100	15.1	8	−22
1265	15.0	9	− 8
1580	15.0	11	+ 5

2650. **S 4493 Vul** Bedeckungsveränderlicher; $15\overset{\mathrm{m}}{.}5$—]16.2.

Stern des erweiterten Felderplanes, für den infolge der geringen Zahl der zur Verfügung stehenden Platten keine Periode ermittelt werden konnte.

Es wurden folgende Minima beobachtet:

243 0169.464	$16\overset{\mathrm{m}}{.}00$
0260.447	16.10
1655.501	16.20

2651. **S 4494 Vul** Z Aquarii-Stern; $13\overset{\mathrm{m}}{.}4$—$15\overset{\mathrm{m}}{.}1$.

$M = 242\,9557 + 336^{d} \cdot E.$

Max.	Gr.	E	$B-R$
242 9576	$13\overset{\mathrm{m}}{.}56$	0	$+19^{d}$
9878	13.57	1	−15
243 0227	13.57	2	− 2
0550	13.37	3	−15
1233	13.65	5	− 4
1589	13.65	6	+16

2652. **S 4496 Cyg** Mira-Stern; $13^{m}_{\cdot}9$—[$17^{m}_{\cdot}0$.

Von dem außerhalb des Feldes der Triplet-Platten liegenden Stern konnten nur drei Maxima beobachtet werden, die den Elementen

$$M = 243\,0585 + 500^{d} \cdot E$$

genügen.

Max.	Gr.	E	$B-R$
243 0589	$14^{m}_{\cdot}54$	0	$+4^{d}$
1076	13.93	1	−9
1589	15.36	2	+4

Die Elemente bleiben etwas unsicher, eine Teilung der Periode kommt anscheinend nicht in Frage.

2653. **S 4495 Cyg** Mira-Stern; $14^{m}_{\cdot}1$—[$16^{m}_{\cdot}1$.

Die Beobachtungen dieses Veränderlichen, der außerhalb des Feldes der Triplet-Platten liegt, wurden durch einen nördlichen Nachbarstern $15^{m}_{\cdot}3$ erschwert. Es wurden nur ein Maximum:

243 0227	$15^{m}_{\cdot}7$
0256	14.3
0262	14.1
0317	15.5

und ein Aufstieg

243 0548	$15^{m}_{\cdot}8$
0585	15.1

beobachtet. Die Periode dürfte danach etwa 350^{d} betragen.

VERÖFFENTLICHUNGEN DER STERNWARTE IN SONNEBERG

Band 1

Heft 1 Prof. Dr. Cuno Hoffmeister
Zur Photometrie der Milchstraße
42 Seiten — 1947 DM 6,—

Heft 2 Paul Ahnert / Prof. Dr. Cuno Hoffmeister / Eva Rohlfs / A. v. d. Voorde
Die veränderlichen Sterne der nördlichen Milchstraße, Teil IV
156 Seiten — 1947 DM 10,—

Heft 3 Paul Ahnert / Prof. Dr. Cuno Hoffmeister / Eva Rohlfs / A. v. d. Voorde
Die veränderlichen Sterne der nördlichen Milchstraße, Teil V
198 Seiten — 1949 DM 15,—

Heft 4 Dr. Heribert Schneller
Eine einfache Methode zur Bestimmung der Systemkonstanten bei Bedeckungsveränderlichen
52 Seiten — 1949 DM 7,25

Heft 5 Paul Ahnert / Prof. Dr. Cuno Hoffmeister / Eva Rohlfs
Die veränderlichen Sterne der nördlichen Milchstraße, Teil VI
92 Seiten — 54 Abbildungen — 1951
mit beiliegendem Inhaltsverzeichnis des Bandes 1 DM 13,—

Band 2

Heft 1 Dr. Eva Ahnert-Rohlfs
Zur Struktur und Entstehung des Perseidenstroms
40 Seiten — 15 Abbildungen — 3 Tabellen — 1952 DM 4,80

Heft 2 Prof. Dr. Cuno Hoffmeister / Dr. Eva Ahnert-Rohlfs / Paul Ahnert / Hans Huth / Waldemar Götz
Die veränderlichen Sterne der nördlichen Milchstraße, Teil VII
(vorliegendes Heft)

*

B. W. KUKARKIN

Erforschung des Aufbaues und der Entwicklung von Sternsystemen auf der Grundlage der Untersuchung veränderlicher Sterne

(Übersetzung aus dem Russischen)

(In Vorbereitung)

Bestellungen an eine Buchhandlung erbeten

AKADEMIE-VERLAG · BERLIN